再出发

探索人生的无限可能

刘燕 吴本赋

五 顿◎主编

中国铁道出版社有限公司

CHINA RAILWAY PUBLISHING HOUSE CO., LTD.

图书在版编目（CIP）数据

再出发：探索人生的无限可能 / 刘燕，吴本赋，五顿
主编 .—北京：中国铁道出版社有限公司，2024.3
ISBN 978-7-113-31025-7

Ⅰ.①再… Ⅱ.①刘… ②吴… ③五… Ⅲ.①成功心
理-通俗读物 Ⅳ.① B848.4-49

中国国家版本馆 CIP 数据核字（2024）第 023650 号

书　　名：再出发：探索人生的无限可能
　　　　　ZAI CHUFA：TANSUO RENSHENG DE WUXIAN KENENG
作　　者：刘　燕　吴本赋　五　顿

责任编辑：巨　凤　　　　　　　　编辑部电话：（010）83545974
封面设计：仙　境
责任校对：苗　丹
责任印制：赵星辰

出版发行：中国铁道出版社有限公司（100054，北京市西城区右安门西街 8 号）
印　　刷：北京联兴盛业印刷股份有限公司
版　　次：2024 年 3 月第 1 版　　2024 年 3 月第 1 次印刷
开　　本：880 mm×1 230 mm　1/32　印张：7　字数：200 千
书　　号：ISBN 978-7-113-31025-7
定　　价：48.00 元

序言
FOREWORD

冲破隐形的鱼缸

有一个人把一条三十厘米长的鲨鱼养在了自家客厅的鱼缸里长达五年之久，最终，他还是把鲨鱼送给了海洋馆。令人惊叹的是，仅仅一年后，这条鲨鱼长到了三米长。

其实，我们的心中何尝不是有个隐形的鱼缸，以至于让我们常常自设边界，将自己束缚？生命可拓展的长度、宽度与我们内心成长的程度息息相关。如果我们对这个充满可能性的世界知之甚少，就会被自己的认知所局限。

过去，公司对员工的要求是"提升效率"，一个人能干两个人的活。如今，谁又能比人工智能的工作效率更高呢？我们无法预知未来的生活将会发生多大的变化，所以，在被取代之前，我们能做的就是跳出原有的思维定式，努力提升自身的抗风险能力，成为与时俱进的人才。

寻找职业归宿不是我们的最终目的，成就我们灿烂的人生才是我们的终极目标。作为在财务领域奔跑了三十年的一名财务人，在这个过程中，我不仅在事业上收获了一定的成就，而且还培养了专业力、协作力、学习力、表达力、抗挫力和成长力。这些能力不仅让我对财务人的身份、价值和意义有了更清晰的认知，同时，也推动了我的人生系统持续迭代。

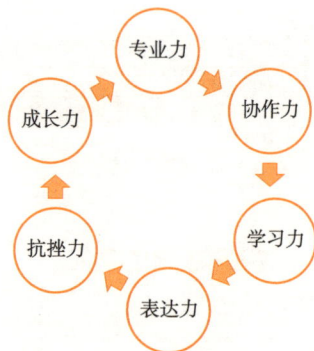

1. 专业力

互联网时代，人们的生活正在经历瞬息万变的巨大变革，各行各业也在面临前所未有的挑战和机遇，数字化转型、区块链、云计算、人工智能等席卷而来。专业力在这个背景下显得尤为关键，它不仅是解决问题的关键，更是创新的源泉。像比尔·盖茨、乔布斯、扎克伯格等硅谷传奇人物之所以能够成功，正是因为他们拥有超强的专业力。

具备专业力的人不仅能够在岗位上找到增值点，还能够站在全新的高度，将企业各个部门看作产业链的不同环节，实现对整个流程的全方位把控。比如，作为财务人，从经营者的视角协助企业实现"业财融合"，从而成为价值的创造者。

2. 协作力

2016年，我经历了职业生涯中最严重的打击。因为业务部门在前期对源头把控不严，市场部在执行中信息不对称，财务部在监督中出现理解断层，导致公司陷入不可预估的潜在风险。

作为最终呈现数据的部门，我和我的团队受到来自其他部门的指责和质疑，最终导致近三分之二的财务人员一夜之间集体辞职。

在事后的反思中，我复盘了整件事情的来龙去脉。除了没有做到良好的沟通，没有起到承上启下的作用外，我还缺乏协作力。当问题和压力降临时，我的第一反应是据理力争，作出的行为是继续在数据上做堆集，而不是拿出可行的解决方案。

协作力更像是一种连接能力，是促成人与人之间达成合作的关键能力。具备出色协作力的人，不管在什么岗位，都能把自己变成一个连接者，与组织和团队更紧密地连接，达成合作，解决问题。协作力不仅可以化解潜在的危机，还能为公司营造更加良好的工作氛围，带来更好的业绩表现。

3. 学习力

财务人常说，自己的一生就是考证的一生，所以，学习力尤为重要。为了获得晋升或者提高薪酬福利待遇，必须具备扎实的专业技能，而证书就是最重要的显性条件。比如，珠算证、会计证、计算机证，初级、中级、高级会计师证，注册会计师等各种注册系列证书，还有各种税制和政策的迭代学习。我也不例外。从"珠算能手级"到CMA、CIA、AAIA、CAP、CRMA，这些证书成了我"跳高"的重要抓手。回顾过去三十年，我不是在考证，就是在去考证的路上。

也许大家不是对考证上瘾，而是对考证带来的成就感"上瘾"，这也是一种应对不确定性的方式——未来是不确定的，但到手的证书却是确定的事情。尽管各种证书的价值有所不同，但它们至少是证明自己能力和态度的一种方式，也是许多人追求的目标和努力的方向。

此外，我们的学习力不仅仅要体现在考证上，专业的财务人还需要在实践中经过长时间的磨砺。比起各种证书，丰富的社会实践才更为重要，在学中做，在做中学。没经历过每天枯燥的银行日记账、现金日记账、应收账款和跑银行取票证递支票等，就不会了解数据的钩稽关系；不明白账理，就很难了解财务工作有多繁杂。我们要乐于接受有挑战性的工作，不断解决实际问题。当解决了一个又一个的问题以后，我们的能力也就提高了，才能成为一名真正优秀的财务人。

4. 表达力

在英国特许管理会计师公会（CIMA）的最后一门考试中，竟然有10%的分数与表达力相关。可见，这是一个合格的财务高管必须具备的基本素质。

财务人常常给人谨慎保守和不善表达的职业形象，只聚焦数字却忽略了数字报告背后的沟通对象，这是财务人在表达上常常陷入的一个自我误区。

要将复杂的财务流程清晰地传达给他人，绝非易事。财务人在表达过程中，不仅要体现出个人在公司管理及创造过程中的价值和付出的努力，还要确保沟通对象能够理解沟通内容，从而减少部门与部门之间的沟通成本。一份报告中表达的中心主题与技术复杂程度往往需因人而异，向公司决策层汇报或跨部门沟通时就需要简明扼要，避免生僻的专业术语，而面对直属领导或下属时，可以进行更多的技术层面的论证。

从埋头于数字到关注沟通对象，提升的不仅是表达力，更是一个财务人的职业转型过程：从一个数据的处理者转变为一个故事的叙述者。

5. 抗挫力

在职业不断发展的过程中，无论是基层人员还是管理层，都需要培养一项关键能力，就是抗挫力。

在"业绩为王"的企业中，财务人员常常怀疑自己存在的价值。在成长的过程中，我们也常常会需要积极力来调整情绪，与"悲观"做斗争，不要妄自菲薄，而是要积极尝试和探索，这样我们才能变得更加舒展和自信。

正如吉格斯说："态度决定成败，无论情况好坏，都要抱着积极的态度，莫让沮丧取代热心。生命可以价值极高，也可以一无是处，随你怎么去选择。"所以，选择积极的态度，是成功必不可少的因素。

抗挫力不仅使个体更具适应变化的能力，还有助于提升个人的情绪稳定性和工作表现力。通过对困难的乐观看待和积极应对，我们可以更好地应对挑战，为职业生涯的成功奠定坚实的基础。

6. 成长力

成功的定义因人而异，我相信每个人内心的定义与标准都有所不同。如果我们将成功定义为超越别人，那么我们永远也无法获得成功。相反，如果把成功定义为超越过去的自己，通过不断的成长，我们终将可以成为自己想成为的人。

成长力是驱动个体不断追求进步、超越自我的力量，通过不断拓宽自己的能力边界，实现自我价值的不断提升。成长力的核心在于积极应对变革和积极面对挑战。这种积极性不仅表现在积累新知识、获得新技能，更涉及处理复杂情境的能力，以及坚韧面对失败和困境。

柏拉图曾说："未经检视的人生不值得度过。"也许，越是变化莫测的时刻，才是重新检视自我的难得契机。我们要学会坚持正确的选择，也要勇于放弃错误的选择，还要拥有智慧来分辨什么时候该坚持，什么时候该放弃。不要因为一点点错误，就给自己贴上负面的标签；也不要因为一点点挫败，就让自己变得一蹶不振。因为正是这些时刻，让我们有机会"再出发"。

"再出发"，不仅仅是一个动作，更是一种态度、一种信仰。它象征着无限的可能性，激励我们重新审视自己的生活，追求更好的未来。无论是失去了工作，还是结束了一段关系，"再出发"都可以成为一盏明灯，引领我们踏上新的旅程，重新点燃内心的激情，创造属于自己的美好未来。

再出发，并非一帆风顺。它可能伴随着恐惧、不确定性和困难，但正是这些挑战，锻造了我们更强大、更有韧性的内在。在这个旅程中，我们将学会如何应对变化和挑战，并将它们转化为机遇，从而取得更大的成功。在不确定的未来里，我们每个人都有无限的可能。

虽然书中的23位作者出生在不同的环境、接受了不同的教育，还有着不同的信念，但他们都拥有再出发的勇气。虽然他们无法预知哪一条路是最好的，但是他们在探索的过程中勇敢试错，找到最适合自己的路。他们将"平凡"的成长故事书写下来，不为改变别人，更不为改变世界，只为找回再出发的理由，因为"再出发"是生活中最美丽的旅程之一。

感谢吴本赋先生在这本书完成的过程中给予的有力支持。在长达十几年的财税领域的工作经历中，他深谙如何处理财务与企业内部、外部各类利益相关者的关系；了解如何进行业财融合和组织改革优化，为企业创造最大的价值。无论对企业还是财务从业人员，他都有一种内化于心的崇高使命和文化底色。正是这一使命，才促成了这本书的问世。

感谢五顿老师给予财务从业人员的赋能。正如他常说的："演讲的背后是学问，让深耕于财务领域的同仁们通过学习演讲，在从硬技能向软技能转型方面跨出了第一步。他们不仅知道会计是一种职业，更深刻了解到财务是一种思维方式。这样的认识能够促使他们反向学习，获取知识，帮助财务人拆掉思维上固有的墙。"

感谢陈韵棋老师的策划和悉心指导，并为本书提供了专业的支持，包括对本书结构的梳理、对每篇文章的逻辑和论证给予了策略性指导、对文章中语句的表达进行细致推敲，为完善这本书作出了极致的努力。

最后，还要特别感谢DISC+社群联合创始人李海峰老师的协助，感谢出版社的鼎力支持，使得这本书能够成功面世。

未来，我期待与更多财务人一起，再出发，冲破隐形的鱼缸，去拥抱更广阔的世界，去探索人生的无限可能。

刘 燕

2023年11月18日

CONTENTS |目录|

第一章

专 业 力

专业不是一天两天的事，是每一天的事。

——约瑟夫·柯恩

刘 燕

30年财控领域尖兵

微信名：zhyly2003

NO.01 ♠
降本增效的本质

靠着可回收技术，Space X能在短时间内进行多次发射任务。除了速度快外，其发射成本也非常低。按照马斯克的说法，"猎鹰-9"每次发射的收费为6 200万美元，利润可达30%以上，即成本为4 340万美元。其中，第一段助推器的成本为3 040万美元，整流罩的成本为600万美元，"猎鹰-9"实现了第一段助推器和整流罩的回收再利用，所以，加上每次的回收、维修、检查费用约50万美元，每次发射的成本不超过750万美元。如果"猎鹰-9"能发射十次，利润率超过了77%！

降本增效的精益生产鼻祖丰田汽车，2000年时开启了降低成本的"CCC21"计划（construction of cost competitiveness，构筑成本竞争力）。该计划以汽车的173种主要零部件为对象，使设计、生产、采购各部门及供应商四位一体，在三年内削减了30%的成本。在2021年，丰田全球销量连续两年力压大众排名第一，并且凭借混动车型的新能源汽车销量世界第一，而其丰厚的利润更是长期独霸行业首位，经常超过排名后三位之和。

过去几年，企业都在关注降本增效。"降本增效"实质上就是削减不必要的支出，强化主营业务的经营效率，挺过寒冬，甚至在行业衰退时谋求逆势增长。

一、"降本"和"增效"的本质

"降本增效"有两条路径：一是降低成本，比如生产成本、人工成本等；二是增加效率，在成本不额外增加的情况下，提升效率。

"降本"不是简单的减少成本，而是消除浪费。如果只盯着"成本"，企业的经营策略很可能会出现偏差，比如用差一点的原材料、更简单的工艺，这极有可能会损害客户价值，动摇企业存在的根基。

"增效"包括提高效率和增加效能。效率是"以正确的方式做事"，而效能则是"做正确的事"，其中，增加效能更为重要。正如彼得·德鲁克所说："比效率更重要的是效能，企业真正不可缺少的是效能，而非效率。"效能追求时间的节省和路径的优化，企业管理层应该聚焦在如何优化时间成本和降低试错成本等关键"效能因素"。

更重要的是，降本增效要自上而下，坚持不懈，形成一个习惯，不是一时一刻，不是一次两次。

1. 降本增效需要从上而下的系统支持

降本增效不是一个部门的事，更不可能只靠财务部门就能达成，而是一个需要企业各部门协同管理的系统工程它需要各部门一起提升整个组织的效率和个人的工作效率，实现生产效率的提升，最终实现企业战略目标。

管理层确定具体方案，从上而下进行推动，将降本增效的原则和方案与各部门进行充分沟通，并且收集意见进行调整，这样才能保证方案的顺利实施。如果缺少管理层的支持，财务部门很难和业务部门进行沟通。特别是降本增效会影响业务部门的可用资源，使业务端产生抵触情绪，导致方案施行受阻，最终无法达到降本增效的目的。

2. 降本增效需要有效的财务管理手段

不少企业的财务管理存在问题，导致成本控制比较薄弱，加上财务部与业务部的沟通问题，财务管控停留在根据成本核算数据进行事后分析，无法真正落实降本增效。

降本增效的顺利实施，需要企业具有健全的财务基础和比较完善的财务管理环境，让财务发挥成本控制与支撑作用；同时，需要构建清晰准确地核算体系，建立可管控的标准，并通过对数据的拆解和分析，及时跟踪和反馈问题，以财务数据驱动业务发展。

3. 降本增效需要具备业财融合思维

业财融合，即业务和财务融为一体。业务部门需要具备财务思维——为企业创造价值和利润，控制和规避风险；而财务部门需要具备生意思维——深入到业务活动，通过对数据的预测和分析，反馈给业务部门及决策层，使企业的管理决策更加科学，并且把握好业务流程的关键控制点和潜在风险点，降低运营风险。

经营和管理，这两者是密切相关的。财务部门注重的是数字和报表，而业务部门更加注重市场、客户、产品交付以及商业模式。对财务人员来说，需要从根本上改变传统的思维模式，从事务性和审批性的工作中抽身出来，熟悉业务、深入业务、抓住关键控制点，将风险控制的思维从合规向价值创造转移，而不是简单地向业务部门说"不"。

业财融合，透过专业看管理，透过管理看文化，透过文化看人性，以更多元化的视角来看待财务人员的角色与使命，从而促使企业实现降本增效等精细化管理目标。

4. 降本增效必须深入每一个环节

降本增效还需要从战略、目标、营销、研发、采购、生产、质量、人力资源等各环节找到降本增效的核心办法。通过对各价值链环节进行合理的设计和管理，实现企业降本增效最优化。高毛利、粗管理的发展模式已成了过去式，现在降本需要卓越的运营管理，一步一步、踏踏实实地把每个业务流程对应的每个阶段都理解清晰，才能提高效率。

二、如何管理人工成本

在"降本"的过程中，减少人力成本成为"见效最快"的手段。"削业务+减员"是简便直接的方法，但这是万不得已时才会使用的方法。任何时候、任何形式的薪酬普降都会伤及员工的士气和企业的元气。

降本，即对接人才盘点和薪酬分析，实现合理的"冗员裁减、庸员减薪、虚高者降薪"。增效，才是HR和各级管理者在困难期需要思考的，即如何用好有限的薪酬资源，引导提质提效动作、激励员工拼搏、促进业绩回暖。剪枝（降本）的目的是更好地开花结果（增效）。

如何提升人效，可能各家有各家的做法，但最终都是要回归到组织、人才、文化、机制各个层面的系统思考和精准应对上，需要全面"把脉"和"精准开方"。结合大量的企业管理实践，主要有以下11个落脚点。

1. 增加工作饱和度

用增加工时或工作量的方式，短期内低成本解决用人短板。比如，用"八个员工每人每天多工作一个小时"的方法，在短期内用低成本解决用人短板问题；或用"两个人干四个人的活，拿三个人的工资"，虽然付出了第三个人的工资，但不会增加1.5倍以上的人工成本。

2. 强化能力的复制

快速复制高手的能力，推动"一带一，师带徒"，并且为此设置激励机制。这样不仅可以调动销售尖兵的积极性，还能让团队整体的战斗力在短期内得以提升。同时，这位销售尖兵在带徒过程中，也会将自己的经验不断迭代，互相影响并得到提升。

3. 聘用高潜力人才

通过猎头高薪挖过来的人才，存在被高薪挖走的"看护风险"。最好的方法是聘用高潜力人才，通过公司的培养手段，让员工快速胜任岗位工作。常态化之下，寻找那种专注于做事、学习力强的员工，远比找到一些能力非常强但无法驾驭的员工要划算得多。

4. 人才的合理共享

在互联网时代下，不仅知识可以共享，人才也可以共享，有利于降低组织用工成本。用工处于低谷时将人才借出，减少了工资、培训及日常管理成本；用工达峰值时将人才召回，及时补员，且不浪费之前的人才管理及培养成本。

5. 灵活的办公模式

通过远程办公、O2O式办公等模式，保持效率、节约办公成本。这种方式已成为吸引人才的新方式，特别是对于一些职能管控型、技术研发型人才，可以限定时间按工作成果提交，弱化过程监控、强化结果考核。

6. 工序流程的精简

同一工作链条进行合并，减少中间环节，降低时间成本。在企业资源非常匮乏的特殊情况下，最好可以直接合并为一人，其他功能外包或暂停。比如，把"销售""派单""跟踪""送货"的工作与"收款""客服"的工作合并，由一个员工从头跟到尾。

7. 业务的合理外包

将非主干功能转移至外部合作，打造灵活的业务合作生态链。如果有合作伙伴或上下游单位，可以将部分非主干功能转移给他们，或将部分功能独立出去，或考虑减员至合作伙伴，让减掉的成员成为供应链生态中的一环，降低用人开支。

8. 全民营销的推广

充分利用员工、社会资源，打造点对面、面对面的裂变式营销模式。每个人都能成为产品及品牌的传播者。可以让推荐分享者享受会员长期消费的自动奖励，以机制促使分销体系自动裂变，大大降低获客成本和营销推广费用。

9. 中长期激励机制

降低短期收益，提高面向未来的中长期激励，用当下交换未来。特别是公司核心人才、收益较高的中高层管理干部方面，可以通过经营者激励计划或合伙人股权激励的策略，做长远捆绑式发展。

10. 数字化转型落地

数字化转型推动业务流程运转，是企业降本增效的一大利器。比如，一些新零售企业就利用AI货架机器人全程监控商超的货架缺货情况，并将远程数据实时传输到营销系统，节约现场大量的人力成本，还降低了货架缺货率。

11. 降低人工成本可结合战略

很多知名企业并不在一线城市，而是在周边市区，这就是降低人工成本的一种策略。如富士康撤离深圳，布局天津、重庆、廊坊、郑州。

控制成本和有效激励员工是相互博弈的关系。企业需要做到的是找到最佳的平衡点，即实现企业最佳成本控制且最大化激励员工的薪酬设计。增效降本、提升人效是企业"活下去"的关键！

三、如何有效管理库存

库存就是钱，是不会产生利息的资本，但大量的库存会成为企业的负担，甚至可能拖垮一个企业。在企业资金紧张的时候，库存只能通过低价处理，甚至可能造成亏损。在行业低迷或经济下行的时候，库存问题就更让企业头疼。

库存是用来调节成本和服务之间最佳的平衡工具。通过库存的"开源"和"节流"，企业可以用最小的成本来支撑最大的销售。在一定程度上来说，库存也是产品周转率、资金周转率和收益的真实反映。降低库存就意味着提高库存周转率，增加现金流的流转。

有效管理库存可以帮助企业降低成本、提高效率，优化供应链运作，从而提升企业竞争力和盈利能力。但多少库存才是合理的呢？

企业面临的现状是：市场风云变幻，需求波动大，导致订单预测不准确；生产部门担心因缺货而被销售部投诉或被领导问责，因此倾向于多生产；原材料采购部门害怕因材料短缺影响生产，同时也想趁着原材料价位低多囤积，以便提早完成采购降本的指标。每个部门都有自己的考量，但企业的现金流却越来越紧张。

从企业一把手到经营管理层，如果还只是通过看产能、销量，然后定利益机制，那么不管"降库存"对企业的经营有多重要，都是没有办法改善情况的。所以，管理的关键点是：你想达成什么目标，就要制定相应的激励机制。

销售部门、技术部门、采购部门、生产部门、财务部门协同融合推动成本动因的深度改善是降本增效成功的基石。对项目管理的规划、执行、推广、控制、复盘、考核、激励进行全流程的有效管理是降本增效成功的关键。

如何有效管理库存呢？我总结了以下几个措施，供大家参考。

1. 根据市场情况及时调整预测方案

企业要每周对市场订单和预测进行一次分析，在此基础上对安全库存、采购频次与数量进行调整，让仓库始终保持与市场需求相适应的库存量，来降低企业的采购资金，加快资金的周转。

资源从采购到生产再到客户手中，需要经过数个阶段，几乎在每一个阶段都需要进行存储。通过分析从原材料、半成品、成品等每一个物流环节的最佳仓储量，分析补充库存的速度，使存货水平最低、仓储浪费最小、空间占用最小。

2. 运用科学的管理方法降低库存积压成本

曾几何时，在制造业中流行着一种说法——"零库存"。零库存，是一种理想状态。日本企业谈零库存，但他们从来就没有做到过。戴尔公司也打出"零库存"的口号，但最终在中国也放弃了。

所以，我们只能用科学的管理方法来降低库存，包括JIT准时生产制库存管理法及ABC重点存货控制法。

JIT（just in time）准时生产制库存管理法，也被称为"丰田生产方式"或"精益生产方式"。其基本原理是以需定供、以需定产，按签订的合同执行进度进行次月排产；通过生产调度会确定生产作业计划，下达生产消耗定额；根据消耗定额，均衡库存量，编制原材料需求计划，实行"适时、适量、适物的生产与精准"采购，最大限度减少库存积压，降低库存占用资金。

所以，JIT不等于零库存，更确切的说法是在恰当的时间、恰当的地点，以恰当的数量、恰当的质量提供恰当的物品，从"零库存"到"合理库存"。其精髓是：让企业的产能以最小的时间单位，变成客户所需要的东西，同时变成企业的回款。这是JIT帮助企业赚钱最根本的秘诀。但是，要实现起来并不容易，需要企业做出一系列根本性的变革。

ABC重点存货控制法，是将库存物资分A、B、C类。A类物资是关键原材料，在原材料数量上占10%左右。结合生产需求计划，合理确定每种原材料安全储备定额，从而控制存货资金占用。这种方法可以提升资产使用效率，合理控制储备及有效规避经营风险，把握好资源保供。

3. 通过系统化管理降低仓储成本

降低库存需要根据实际的库存量和需求量来调整安全库存量。通过定时的盘点，摸清实际库存量，再根据库存量对采购量进行调整，让仓库始终保持一个与市场需求相适应的库存量，从而降低企业的采购资金。

与库存成本不同，货物的仓储成本主要是指货物保管的各种支出，其中一部分为仓储设施和设备的投资，另一部分为仓储保管作业中的活劳动（与"物化劳动"相对，是指物质资料生产过程中劳动者体力和脑力的消耗）或者物化劳动（有两种用法。一种与"活劳动"相对。生产过程中所消耗的生产资料，包括原料、燃料等劳动对象和机器、厂房等劳动手段都是过去劳动的产物，同生产过程中消耗的活劳动相对而言）的消耗，主要包括工资和能源消耗等。大多数仓储成本不随存货水平变动而变动，而是随存储地点的多少而变动。

要想降低仓储成本，需要从以下几点着手。

（1）减少仓储保管风险

物资仓储时间越长，其保管风险也就越大。最有效的手段是采用"先进先出"的原则，将所有仓储物资按先后顺序摆放，或者对仓储物资进行轮换存取，从而使物资的仓储时间减少，降低损耗。

（2）调整仓库布局

货品不能随便乱放，要对货品存放位置编好编号，方便以后查询货品位置。同时，要根据经营发展状况，调整仓库布局。可以通过合并仓库或减少仓库，提高仓库面积的利用率，包括提高仓储密度和加速物资周转。

提高仓储密度，可以提高单位仓储面积的利用率以降低成本、减少仓储设备投资，主要包括增加存储高度、降低库内通道宽度、密集货架等几种方法。如果是租用仓库，可以减少租用面积以降低租金。如果是自有仓库，可以将部分仓库出租或改成其他用途。

加速物资周转，可以根据市场销售情况调整仓库位置，将销售好的产品放在出库的第一个货架的中间，方便取货的同时也节省了时间。

（3）提高仓储作业效率

如果仓储点比较分散，可以集中在一起进行统一管理，以区域的形式进行直接配送。另外，通过测定物品盘点时间、装卸时间、搬运时间和包装时间等，来找到标准操作路线和流程；通过制定最近搬货、取货路线，培训操作工按标准操作路线和流程进行操作，从而提高劳动效率，降低人员成本。

（4）仓库设备的利用率

仓库通常用的铲车、堆高车、手动或电动的液压车等设备，都需要同生产设备一样统计利用率。检查它们是否得到了充分的利用，各个仓库的设备是否能通过合理调度来达到合并使用，这样可让仓库的设备利用率达到最大化。同时，还要充分利用仓库的一些自动化设备，让它们尽量满负荷运行，为降低人工成本作贡献。

（5）节约能源

仓库的水、电、汽油、柴油等能源的使用都应受到控制。通过独立计量，企业可以评估这些能源是否都是必需且合理的，并寻找可以改进的空间。例如，仓库的灯是否能采用EDI灯（一种高亮度的LED灯），能否安装太阳能装置等。

（6）充分利用包装物

物品在仓库储存和周转过程中，会产生大量的废弃包装物。企业不应简单地奖其出售，而应考虑是否能再次利用这些包装物。采用可回收包装来替代是一种很好的方法。随着供货频次的增加，采用可回收包装的机会也会大大增加。企业应抓住这个时机，更换包装方法，以降低包装成本。

降本改善的根源是库存管理，库存管理的关键在于时间。单位时间内创造更多价值的过程就是改善！

四、如何有效管理时间

提到降本增效，企业往往更关注显性成本，而忽略隐性成本，例如时间。时间管理，通常被认为与个人的成长和发展相关。其实，时间管理更是企业成本管理中非常重要的一环。

从管理会计的角度来看，时间是一个重要的成本动因，是企业生产的一种有效资源。时间成本管理旨在通过一定的方法使单位时间的成本降至最低，实现价值最大化。

时间和土地、资本、劳动力一样，可以作为一种生产要素。作为一种资源，时间具有一般资源的共同特征，如不可替代性和稀缺性。在生产和销售的过程中，产品每增加一分钟的等待滞留时间，就意味着要分摊更多企业的总成本。

所以，充分认识和重视时间成本管理对企业的发展至关重要，任何没有考虑时间因素的成本一定不是规范化的成本管理。

决定单位时间内获得金钱多少的不是时长，而是所创造的价值。员工不是上班时间越长越好，而是单位时间内创造的价值越高越好。每个人都在用自己的时间交换金钱，唯一不同的是，有的人每小时可以换到10元，有的人每小时可以换到1万元，甚至更多。

2020年春节，很多电商平台在特殊情况下不能如期发货，依托自建物流配送体系，充分发挥供应链、仓储、物流、技术优势的顺丰和京东成为少数能保证用户正常下单配送需求的平台，运送速度与平时相比还不缓慢。

传统线下渠道是展示货物，等消费者到现场选购。电商平台是先有用户订单，再进入物流调货环节。一个产品的销售时间，从数天甚至几十天，缩短至一天甚至一小时。时间已经不只是单纯的成本，更是企业在市场竞争中的有力武器。

马克思从资本的角度早就指出："流通时间越等于零或近于零，资本的职能就越大，资本的生产效率就越高，它的自行增殖就越大。"流通时间可以理解为物流时间。物流时间越短，资本周转越快，资本的增殖速度就越快。所以，缩短物流时间可取得更高的时间效用。

在时间面前，一切管理都是时间的管理，一切竞争都是时间的竞争，所有的工具、方法或技术，都是为了提高效率。典型的方法有GTD法和时间管理四象限法。

1. GTD法

其核心理念在于清空大脑，然后一步步完成目标。这个方法，要求使用者记录当下要做的事，然后整理、安排并一一执行。它的五个核心原则是：收集、整理、组织、回顾、执行。

企业需要采取适当的方法，方能达成有效的结果。有了计划，就应该马上行动。做计划的原则是有意识地安排工作，需要认真思考：对于不同的事，是否分配了合理的时间去做？是否将有限的时间最大化利用？仔细地分析所有的活动后，再决定处理事情的优先顺序，以提高工作效率。

由于目标中拟定的客观环境会发生变动，计划与实际情况往往难以保持一致。所以，我们需要定期回顾，并做出必要的调整，以寻找最佳途径。

2. 时间管理四象限法

管理学家斯蒂芬·科维提出的时间管理四象限法，是把任务按照紧急和重要程度进行分类，依次分为重要且紧急、重要但不紧急、不重要不紧急、不重要但紧急。

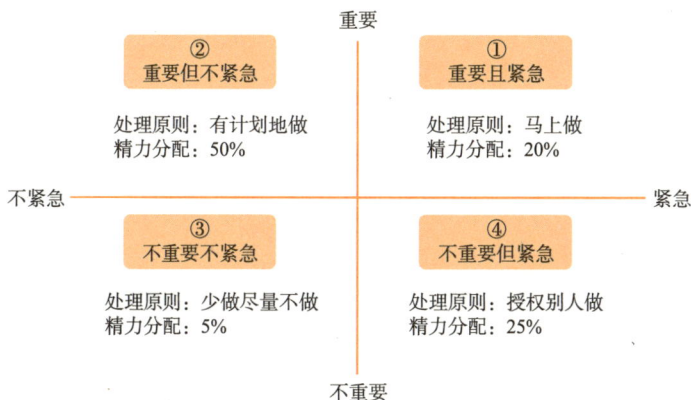

重要

② 重要但不紧急	① 重要且紧急
处理原则：有计划地做 精力分配：50%	处理原则：马上做 精力分配：20%

不紧急 ———————————————— 紧急

③ 不重要不紧急	④ 不重要但紧急
处理原则：少做尽量不做 精力分配：5%	处理原则：授权别人做 精力分配：25%

不重要

我们常常沉浸于处理第一象限重要且紧急的事务，因为每一次解决完危机，都会有一次短暂的兴奋，让我们觉得自己很忙，很重要。这样的正反馈让我们对"忙碌"越来越依赖，以忙碌为借口，只专注于眼前的急事，逃避思考第二象限中和生命相关的重要但不紧急的事情。

《鹖冠子》记载，扁鹊有两个医术更高的哥哥。大哥能够在患者没有发病时，就提醒他们要注意预防；二哥在患者刚有症状时就出手解决。但他们的名声都不及扁鹊大，因为扁鹊善于治疗重症，而被世人认为医术通神。实际上，真正厉害的是大哥，防患于未然才是医术精湛的体现。

如果我们只关注第一象限紧迫的事情，而忽略了第二象限的事情，小问题也可能会积累成大问题。斯蒂芬·科维先生在《高效能人士的七个习惯》中提到"要事第一"，最重要的结论是：我们应该放在第一位的要事不是第一象限的又重要又紧急的事情，而是第二象限的那些重要而不紧急的事情。

第一象限的事情之所以不是最需要重视的事情，有两个原因：

第一，如果我们觉得第一象限（又紧急又重要）的事情很多，可能是我们把第四象限（紧急而不重要）的事情误以为是第一象限的事情了。

第二，第一象限的事情，往往是因为我们忽视了第二象限（重要而不紧急）的事情而演变来的。如果我们重视了第二象限的事情，绝大多数第一象限的事情根本就不会发生。

企业的时间成本管理最重要的就是流程的管理。在流程中，时间的有效性成为重中之重。企业在实际管理中通过对个人、部门、流程上的各项分析，寻找其中所存在的时间漏洞，从而找出在流程中所浪费的环节，找出增值性环节，提高效率。

结　语

《荀子·富国》言"节其流，开其源"，主张君主应节支并拓宽财源，以求富庶百姓，增强国力。治理企业与治国同理，除了要创造利润，还要为客户创造价值，推动科技、经济和社会的发展。

企业能否价值最大化就取决于它的内部管理，而所有的管理背后，追求的都是降本增效。从某种程度来讲，管理其实就是解决效率问题：做最重要的事；把时间花在重要的人身上；建立统一的管理体系。运用智慧与力量来降本——走"心"，运用构思与举措来增效——见"行"，是降本增效贯彻的最佳载体。

徐绮键

业财融合管理咨询专家
精益管理咨询专家
微信号：Luck_380

NO.02 ♠

追寻生命的意义

奥地利心理学家弗兰克尔说："人生而为人，其独特的一生就是为了追寻生命的意义。"虽然我的人生历程如同心电图一般起伏不定，但我从来不向不公平和平庸妥协，坚持不懈地追求生命中有价值的一切。

进入财务领域，也许是一个偶然，但我却在这里找到了自己的价值。在企业工作的十几年时间里，我逐渐领悟到要跳出原来的财务思维框架，用专业思维来思考如何让企业持续发展。尤其是在业财整合的方面，这也是企业未来发展的重要方向。

一、掌控自己的命运

日野原重明在《活好2》中提道："人类的身体就像瓷器一般脆弱，会出现裂纹，甚至会碎裂。即便如此，我们也要坚持不懈地探索在有限的生命里，应该将什么放入这不堪一击的容器中。"

与同龄人相比，也许我是幸运的。20世纪80年代，我们家成了大院里第一个买14寸彩色电视机和凤凰牌自行车的家庭。

每到周末，整栋楼的小朋友都会搬着小板凳来我家看电视，场面很是热闹。每次父母出差去深圳、香港等地出差时，都会给我带回各种礼物，比如新潮的衣服和围巾等，常常引来同学们羡慕的目光。

然而，物质上的富足，并不能填补我内心对爱的渴望。父母常年忙于工作，还要照顾爷爷、奶奶、小叔子和刚出生的弟弟。从三岁起，我就被送到机关幼儿园全托，只有星期天才能回家。上小学后，妈妈又把我托付给了她的好朋友，寒暑假就在外公外婆、爷爷奶奶家或者亲戚家度过。直到高中时，我才回到父母的身边。我不是留守儿童，却吃着百家饭长大。

儿时的我，希望留在父母身边。我依然记得每个周一要回幼儿园的早上，我都哭得死去活来，拉扯着妈妈的衣角不想出门，因为一出门就意味着六天见不到父母。有一次，趁着幼儿园外出活动时，我偷偷跑回家，结果换来的是老师的担心和父母的责怪。

在寄人篱下的生活中，我过得小心翼翼。除非别人主动给予，否则我从来不敢拿自己想吃的东西，也不敢要喜欢的东西。在一次次的泪水中，我告诉自己要学会独立，通过实际行动来证明自己的价值。

在中学六年的时间里，我一直担任英语科代表。为了培养包括我在内的几个英语尖子生能考上英语专业学校，高中三年，英语老师每周抽出两个小时来训练我们的听、说、读、写能力。然而，尽管如此努力，我却与理想学校失之交臂。

我不愿意复读，想尽快参加工作，于是选择去电大学习财务会计。这段时间，我与父母的关系也变得紧张起来。我暗下决心：无论如何，我要掌控自己的命运！

大学毕业后，我通过自己的努力，成功应聘进了一家省级会计师事务所。同事们大多是在企业工作经验丰富的前辈，年龄最小的也有四十多岁，最年长的老会计已经过了六十岁。幸运的是，前辈们都愿意手把手地教我如何用手工做T形账户、制作财务报表，还教我如何查账和出具审计报告等。经过五年的锻炼，我从一个审计助理成长为具备独立带团队能力的项目经理。

二十世纪九十年代，行内人都说："在会计师事务所一年，胜过在企业做会计十年。"父母都理所当然地认为，我应该在事务所继续深耕下去。然而，当我看到那些带着老花镜，手里噼里啪啦拨动着算盘的老会计师们的工作情景，我心里有说不出的滋味。于是，我果断选择了辞职，离开了会计师事务所。

不如意的童年并不是自己放弃成长的原因。我们需要在一次次的经历中不断成长，找到真正属于自己的人生。每一次的成长都会伴随着痛苦，而痛苦的背后，是人的思想与经历的深刻升华。

二、站在巨人的肩膀前行

也许是得益于在会计师事务所的工作经验，我加入了一家向往已久的中日合资企业。与事务所不同的是，这家企业从部门负责人到总经理都是外国人。为了能更好地汇报工作，我除了连续三年每周参加两次公司组织的日语培训学习以外，还在广东外语外贸大学学习了两年。经过我的不断努力，我可以用日语在工作中自如地进行交流与沟通。

如果说，我在会计师事务所的成长胜过在企业里十年，那么在这家企业工作的十几年时间里，我学到的先进的管理理念和方法就是我职场中最宝贵的经验。在这个过程中，我从财务部调到采购部，再调到生产管理部，逐渐领悟到降本增效包含的不仅仅是财务部的工作；在与各部门紧密协作的过程中，我也学会从企业经营者的角度出发，思考如何让企业持续发展。

首先，建立科学严谨的采购管理体系。

采购物品的质量和成本直接影响甚至决定公司产品的质量和成本，所以，要建立由研发部、采购部和生产管理部组成的分工明确的采购管理机构：研发部负责开发国产化原材料并确定采购成本；采购部负责选定供应商和采购物品；生产管理部负责原材料BOM（bill of materials）清单、到货跟踪和物流（运输、包装质量、准时与否等）工作。

其中，推进高质量、低成本的原材料国产化进程是采购管理的核心。采用"等效替代"方式实现原材料国产化，是降低成本、增强产品竞争力的一个重要手段。为了帮助上海的一家一级供应商A公司达成年度3%的降本目标，公司共享了成本模拟数据，由采购部统筹，协调研发部和生产技术部，与供应商共同开发国产化原材料。同时，使用PDCA循环方法，持续进行成本改善，比如改善原材料的工艺和边角料废物利用等。

这样的采购管理体系，不仅满足市场需求，还使公司在竞争激烈的市场中脱颖而出。

其次，建立并维持供应商关系。

公司在建立和维护与供应商的关系上采取了一系列方法，不仅帮助供应商提高了生产效率，还实施了供应商激励计划，对供应商保持坦诚、开放的沟通态度，并积极配合协作。此外，公司还大力支持供应商的发展，竭尽所能调配资源来帮助供应商解决实际问题。

我曾经管理的一个一级供应商在交付的时候意外出现了质量问题，公司马上派出内部相关的工程师去了解情况，然后派出三名员工到供应商公司驻场工作三个月，协助供应商进行重组，并构建供货能力以达到公司的要求。公司始终与供应商站在同一战线上，维持良好的商业伙伴关系。

通过这种方式，公司建立了稳固的供应链，不仅提高了整体的生产效率，还增加了供应商的忠诚度。这种合作精神和互相信任的关系有助于解决潜在的问题，确保供应链的可靠性和稳定性，从而增强了公司的竞争力。

最后，推行成本控制计划。

公司进行内部组织架构改革后，我被分配到生产管理部，主要负责部门预算、成本控制、计划达成、生产现场管理、采购管理和目标达成。在公司发展的过程中，成本控制一直占据着非常重要的地位。它不仅是一个财务概念，更是一个战略概念。

在精益管理模式下，采用JIT生产方式作为生产过程合理、高效、灵活的生产管理技术，其核心是消除一切无效的劳动和浪费，包括制造过多的浪费、库存的浪费、不合格品返工的浪费、加工过剩的浪费、搬运的浪费、动作的浪费、等待的浪费、管理的浪费。

其中，要解决"制造过多的浪费"是重中之重。以下是几个有效的方法：

（1）制订滚动式生产计划。制订年度、月度和周间计划后，将生产计划和成本目标向下逐级分解，落实到每个部门、科室和个人，加强目标管理和考核，从而保证生产任务按质、按量完成。

（2）改善无止境。通过滚动生产计划，不断缩小生产批量，减少在产库存，让问题不断地暴露出来，然后运用PDCA循环法和5W2H法，制定改善提案并持续改善，从而达到成本控制的目的。公司提出了多种措施来激励员工积极创新，让生产现场充满活力，让每个人的脑海里都是成本、改善和协作的观念。

（3）零库存。这并不是真的要做到零库存，而是根据生产班次的生产用量设置最低库存，以满足当个生产班次的生产需求。当班以外的原材料库存，则要在中间仓储存。

（4）精益生产。持续使用6S（一种管理模式）、目视化管理、标准化作业、全面质量管理、快速切换、持续改善等来进行管理。比如，一家佛山的三级供应商B公司主要生产纤维板材类。在我们合作的过程中发现，该公司经营者没有精益生产的管理思维，导致生产现场布置混乱，原材料、半成品和产成品随意堆放，没有标识区分，生产工人甚至在操作时随意吸烟。为了扶持B公司由三级供应商晋升为二级供应商，公司主管生产的副总经理带队，多次到B公司生产现场提出改善建议，将生产车间重新布置，分区域管理；按照纤维板材类储存属性（易燃、需通风、易变形）来改善现场储存环境（增加通风设备、防火设备、设置限高堆放）；将合格品与不合格品分开区域放置；设置吸烟区域、休息区域；根据我司的生产节拍设置最佳周转箱容数；在每个生产工序上标识《作业指导书》，并对员工进行安全教育培训等。

以上举措的管理成效有目共睹，公司从成立至今近二十年，每年都能稳定实现既定的利润目标，而且从来没有向银行或金融机构申请过贷款，一直保持良性循环的资金流。

在这个企业工作的十五年里，我开拓了国际化的视野，也学会与不同文化背景的同事、领导及供应商相处，让我有了创业的动力和勇气。

三、在创业中探索更多可能

小时候寄人篱下的经历，让我在骨子里藏着要改变命运的笃定。一次偶然的机会，我参加了一场三天两夜的网络营销培训会议，让我对利用独立网站做营销充满向往。我再一次毫不犹豫地辞职，离开了福利待遇优厚的外资企业，并迅速成立了电子商务公司，开始了充满激情的创业之旅。

我分别在公司的独立网站、淘宝、阿里巴巴诚信通和慧聪网都开设了店铺，主营宠物用品；还在阿里巴巴全球速卖通、敦煌网和eBey开设了跨境电商店铺，主营女装童裙。跨境电商业务需要我晚上工作，我常常忙到凌晨。因为没有合伙人，所有运营过程中出现的问题和困难都需要我来处理。

然而，市场竞争日趋激烈。首页橱窗展示的费用越来越高；关键词竞价费用也水涨船高；开的店铺较多，投入与产出不成正比，经营压力越来越大。在如此高压的状态下，我的身体健康状况也出现了问题，最后不得不关闭了公司。

我深知，创业之路充满坎坷，但我义无反顾，因为我相信只有勇敢追求梦想，才能创造美好的未来。后来，我加入了一家民营企业的子公司，成为公司合伙人。公司生产机械人柔性夹具，主要销往北美和欧洲。

创业之初，困难重重。但因为有之前在外资企业的管理经验，我组建了销售、生产、设计开发、商务翻译、运营和技术团队，制定公司管理制度、标准化管理程序和绩效激励制度等。作为一名文科生，我对数控机床、集成系统和传感系统等工科类的专业术语一无所知，为了能够编写出产品标准类的操作管理程序和作业指导书，我废寝忘食地研究，还去母公司请教工程师和生产车间的技术师傅，写满了好几个笔记本。

时间就是金钱，为了能快速抢占市场，拿到国外订单，我没日没夜地工作。经过一年多的努力，公司陆续开发了一些美国的代理商。经过三年多的发展，利润达到公司既定目标。无奈特殊时期，公司业务受到重创，所有的一切都陷入停滞。

结 语

虽然两次创业都以失败而告终，但每一次为梦想奋斗的过程，都成为我生命中浓墨重彩的一笔。

在这个过程中，我更加清晰地了解到企业在发展的过程中可能会遇到的问题。在未来的日子里，我希望能用自己的知识和经验帮助更多的企业少走弯路，尤其是在业财融合方面。

路漫漫其修远兮，吾将上下而求索。我有坚定的信心，继续寻找生命的意义，我的成长仍会继续。

蓝程凯

美葡智行丨米仓智库 创始人
微信号：lanchengkai

NO.03 ♠
让梦想照进现实

人生是一场未知的冒险，每个人都站在未来的门槛前，不知道门后会有什么等待着自己。然而，正是这种未知，激发了人们探索、创新和创业的欲望。

在大学毕业时，我未曾料到自己将会走上创业之路。回望那些跌倒崩溃的往昔，它们变成了我宝贵的财富；每一次的挣扎和尝试都是成长的序曲，是通往希望之路的必经之旅。未来的路途悠长且充满未知，我会带着坚定的信念，坚守自己的初心，继续前行，努力实现梦想。

一、走过十年数字化变革之路

六月的南方，美丽而宁静，然而，我的内心却激动不已。2004年6月1日，我走出军校，穿上简单的衬衣，踏进美的集团信息化公司。金色的阳光洒在一排排整齐的厂房上，微风轻拂着树叶，空气里充满了沁人心脾的清新气息。

在北窖的工业厂房中，集团拥有数个大型厂区，绕行其中一个厂区就需要一个小时以上，规模超出了我的想象。我应聘的是信息化部门，负责实施全集团的Oracle、EBS和ERP系统。看着胸前的工牌，我内心的自豪和笃定油然而生。

然而，实际工作和象牙塔的理论知识完全不同。作为一名计算机与科学专业毕业生，面对庞大的数据和复杂的业务逻辑，我才真正感受到系统的复杂性。由于之前对财务知识一无所知，我不得不利用下班时间自学财务管理和基础财报分析等知识，以更好补足工作所缺。在工作中，我积极深入到业务一线，和同事们一起探讨如何通过数字化优化流程，提高工作效率。最终，我们成功开发了一套发票匹配系统，解决了手工对账问题。这一系统至今仍在使用。在这个过程中，我逐渐了解了公司的运营模式，尤其是Oracle ERP是如何支撑公司运营的。小小的成绩让我心生满足。

2012年以前，由于企业的快速发展，美的更像是一支由多事业部组成的联合军，集团无法有效地管控各事业部及子公司的业务系统和数据。当时，大规模的IT系统就超过一百套，各个系统之间的流程不一致，数据也无法拉通。在这个背景下，我受命对整个集团的系统进行梳理和调研，整理各系统的应用功能、数据和接口。

我的调查报告得到了集团最高领导层的重视，决定开始做数字化变革，并提出了"632"战略：即ERP、SRM、MES、APS、PLM、CRM等六大运营平台，数据分析、财务管理、人事管理三大管理平台，以及两大门户和集成开发平台。通过对流程、数据和IT系统的深度优化，并对信息系统进行顶层设计，系统最终实现了方洪波董事长提出的"一个美的、一个体系、一个标准"的"三个一"目标。这一战略不仅使集团内部的各个部门更加高效协同，还为美的未来的并购提供了系统保障。

作为一名职场新人，能在大企业里参与如此大型的项目，对我来说绝对是千载难逢的机会，我的专业能力因此得到了显著的提升。自2008年起，我参与了集团的资金系统和财务公司系统的搭建，推动了集团资金的统一收付和全球资金管理。值得一提的是，我们开发了中国民营企业中第一张电子商业汇票。此事甚至被刊登在各大报纸上，引起了广泛的关注。

在美的团队工作的十年时间里，我从一名初级工程师逐渐成长为项目经理，在数字化领域积累了宝贵的经验。我渴望有朝一日能创办属于自己的公司。这段职业生涯是我的宝贵财富，它不仅让我充满自豪，也为我的未来道路奠定了坚实的基础。

二、顺应时势开启创业之路

2014年，美的集团开始鼓励员工内部创业，并为员工提供孵化平台，这让我内心的创业梦想终于有了实现的可能。

一直以来，我对汽车交通行业充满深厚的兴趣，尤其是在数字化和移动互联网飞速发展的时代，我坚信共享汽车将成为一种新的生活方式。经过和几位好友数月的市场调研和战略规划，我决定为用户提供一站式的汽车服务，包括汽车共享、销售、租赁、保险和维修保养，为企业员工提供更便捷和高效的汽车使用体验。

2015年7月，我们团队向集团的创新中心提交了创业计划书。幸运的是，一个月后，我的计划书成功通过了投资人和集团创新中心的评审。我成了001号员工，带领包括销售、市场和产品开发等六名员工，开始了创业之旅。

然而，创业之路注定充满艰辛与挑战。本以为仅凭集团现有的业务就能立即盈利，没曾想现实远比理想复杂。最初，我们尝试推出共享汽车服务，却遭遇了员工不愿租赁私车给公司使用的困境。迫于无奈，我们只能依靠集团内部的运营车队。我躬身入局，体验司机的角色，确保每一个环节能流畅运作。夜幕降临时，我和产品经理仍在一同研讨业务模式、流程、服务收费和定价等各种问题。

两个月后，期盼的资金依然未到位，我只能自掏腰包给员工垫付工资。这种情况让我倍感压力，但也激发了我的坚韧和决心。有一天，一位老同事询问我是否可以组织员工团购车辆。本以为这是一件劳多利少的事，甚至可能招致员工的非议。没想到，越来越多的同事表达了类似需求。在服务意识驱动和团队的支持下，我决定尝试去开展业务，即使不一定能带来盈利。

我们充分利用集团内部的资源，收集需求信息并优化团购业务流程，包括内部门户网站（MIP）和论坛，以及互联网和金融工具。同时，我与主机厂、银行和保险公司进行了积极沟通，为员工争取到最大的车价优惠。从2015年底到2016年初，我们六位员工就实现了两亿元的交易额，账面现金快速增长到千万级别。第二年，达到了三亿元的交易规模。

有心栽花花不开，无心插柳柳成荫。这次的成功，也许是运气使然，所以我并没有停止前行的脚步，因为这只是漫长创业之旅的起点，前方仍有许多挑战等待我们去克服。

三、经历至暗时刻后重新寻找商机

在创业的旅途中，成功看起来渺茫而脆弱。回顾2016年的成绩，我们曾充满信心，坚信前路将一片光明。然而，现实却很快给了我们一个沉重的打击。

2017年，为了提供更全面的服务，我们决定拓展业务范围，增加汽车售后服务，包含维修和保养项目。市场调研结果表明这个领域具有巨大的潜力，因此我们在一年内投入了五百万，建设了三千平方米的综合维修厂，开设了三家汽车美容门店，并引入了二十家加盟店。

然而，汽车售后市场远非我们想象中的简单。这个领域不仅对专业技术的要求极高，而且还依赖于技术人才和设备，同时还面临着激烈的市场竞争。我们的汽车维修店缺乏独特的竞争策略和市场定位，人才、组织和管理都跟不上；合伙人的业务能力等问题进一步加剧了经营困难；供应链采购管理不善，采购维修零部件零散，报价混乱甚至失控；由于缺乏运营经验，客户满意度差，服务口碑不好。最终，维修厂单月亏损高达二十万元。

由于汽车维修业务的亏损，股东会议上充斥着指责和争吵，往往以不欢而散告终；员工每月都催发工资，期间还发生了围堵事件；供应商的催款电话如影随形，每一通电话都给我带来巨大的压力和无助感。我每天都在苦苦寻找解决方案，但似乎剪不断理还乱。

经过数月的不懈努力和艰难谈判，最终，我不得不以最低的价格将股份转让给负债的股东。无奈，新股东依然未能找到问题的解决之道。2018年，我们作出了艰难的决定——关闭汽车维修业务。

这无疑是我创业路上最艰难的一天。过去的失败让我们付出了惨痛的代价，但也让我认识到了自身的不足和市场的残酷。我坚信，只有经历了至暗时刻，才能迎来令人振奋的曙光。于是，我振作起来，寻找新的商业机遇，准备重新开始。2019年，上海之行给了我新的灵感和商业启发，我决定从零开始，独自开发企业出行管理平台——"美葡智行"。

研发初期，资金紧张，团队士气低落；另外，企业对用车平台的认识还不够成熟，我们需要投入大量的时间和精力进行市场教育和引导。我们几乎又要放弃，但是，我们没有退路，只能迎难而上。随后，我们利用对企业较熟悉的优势，建立专业的客服团队，通过不断地技术创新，为用户提供定制服务，形成垂直领域市场独家供应。

为了拓宽业务渠道和增强市场竞争力，我们积极寻求与其他企业和机构的合作，有效整合资源，为用户提供更多元的服务。同时，我们充分利用自身在大数据和人工智能领域的积累，为合作伙伴提供数据分析和智能决策支持，实现互利共赢。

经过一年多的努力，公司的业务逐渐走向正轨，用户数量和交易规模都实现了显著的增长。我们的努力也得到了市场的认可，公司的品牌影响力和行业地位都有了显著的提升。我们没有因为一时的成绩而沾沾自喜，市场变化莫测，只有不断创新和进步，才能在竞争激烈的市场中立于不败之地。因此，我们将更多的精力投入产品研发和服务创新中，努力为用户提供更加优质高效的服务。到2020年，年交易规模已经达到三亿元，用户数量突破了六百家。

随着业务的不断拓展和团队基础的不断夯实，我们开始探索将人工智能和大数据等先进技术引入企业汽车管理中，通过智能调度和精准分析等手段，进一步提升服务效率和质量。同时，我们响应国家绿色化出行的号召，积极布局新能源汽车市场。

经过不懈的努力和探索，业务规模和市场贡献都取得了可喜的增长，公司也逐渐走出困境，迎来了新的发展机遇。这一切的成就都源自团队的协同合作、共同努力，以及对创新的坚定追求。我也庆幸自己没有被挫折打倒。

四、开启新征程继续前行

随着"美葡智行"取得的初步成功，我深刻认识到依靠单一的业务是存在风险的。我开始与团队进行多次深入的讨论和市场调研。很快，一个新的商业模式在团队的研讨中浮现出来——"米仓智库"，即一个整合行业内的顶尖专家资源，为企业提供营销、战略、财务、人力资源等各个领域的专业咨询平台，帮助企业找到核心痛点，并提供解决方案以促进业务的持续增长。

为了更好地服务客户，我们不仅聘请了众多的行业专家，还投入了技术研发，希望通过AI技术使咨询服务更加智能和高效。经过数月的努力，我们推出了商业智能BI、数据平台、AI数字人、AI自动机器人RPA和AI智能体等产品。这些产品不仅可以帮助专家更好地完成工作，还能帮助客户更快地获取和分析信息，从而作出更明智的决策。

"米仓智库"在刚推出时曾面临一些质疑。毕竟，我们是咨询领域的新手，而市场上已经有很多知名的咨询公司。但我相信，只要真正做到以客户为中心，提供真正有价值的服务，就一定可以获得市场的认可。事实也证明了我的想法。

随即，我们与多家大型企业建立了合作关系，为他们提供了有价值的咨询服务，并获得了高度评价。随着业务的不断深入，我们也发现了许多新的市场机会。尤其是中小企业，它们资源有限，更加需要外部的资源。于是，我们推出了一系列为中小企业定制的咨询产品和服务，帮助他们提升运营效率，解决增长中的疑虑和难题。

当下的成功并不意味着可以停下脚步。为了持续为客户创造价值，我们也开始探索新的业务方向。例如，与高校和研究机构合作，为企业提供最前沿的技术和市场研究。同时，我们还开发了一系列培训课程，帮助企业提升员工的能力和素质。

回首过去，我为"米仓智库"取得的成就感到自豪，但这只是一个开始。在未来，我们会继续前行，探索更多的可能性，为企业创造更大的价值。

结　语

回顾过去，从美的集团的数字化工作到为梦想筹建"美葡智行"和"米仓智库"，我经历了无数风雨和坎坷，每一个瞬间都成为我人生中不可磨灭的回忆；汽车销售业务的失败，工厂的倒闭，每一次都让我感到心力交瘁，仿佛置身于绝境之中。庆幸的是，每当我想起初心，想起那些期待我们服务的企业，想起那些共同奋斗的团队成员，我就重拾信心坚持下去。

　　"风雨同行，因为有梦；智行未来，因为有你。"感谢每一位陪伴我们走过风风雨雨的客户朋友，感谢每一位和我们并肩作战、用汗水和智慧创造奇迹的伙伴。未来的路，我们还要继续前行，希望共同书写更多的传奇故事，让梦想照进现实。

王林波

财税咨询公司创始人

微信号：wlblike

NO.04 ♠
正在创造的未来

在四季不分明的广州，尽管中秋节已过，但依然没有要入冬的迹象。我穿上一件薄外套，步行在员村的沿江大道。

夜幕早已降临，珠江两岸闪烁的霓虹灯倒映在江面上，像是一幅华丽的油画。微风拂过，波光闪烁，仿佛散落着无数颗明亮的宝石，散发着神秘而迷人的光芒。沿着江边的步行道，郁郁葱葱的树木在微风中摇曳，轻柔的沙沙声，给远离喧嚣的江边平添了一份宁静和舒适。

我找了一张长椅坐下，看着漫步在江边的人们从我眼前走过，思绪如飞鸟般飘回到往昔的记忆中。

一、探索未知世界的勇气

我出生在鄂西北襄阳下的一个小城镇，平平淡淡、有惊无险地长大。但是，我从小就是一个不太安分的孩子，骨子里透着一份倔强和孤勇。

上小学时，我曾约着一群小伙伴夜探坟场，领略了一番"明月别枝惊鹊，清风半夜鸣蝉。稻花香里说丰年，听取蛙声一片"的景色。如果不是第二天被父母严厉警告，那次探险经历也就画上了一个圆满的句号。

夜深人静时，我常常在想，命运齿轮什么时候才开始运转呢？

成年之后，父母开始在三亲六故和左邻右里中物色合适的姑娘给我做媳妇，希望我工作几年后开个门店，过着一切都可以预见的生活。然而，我的内心却充满不甘。难道，我的人生就只能如此吗？年轻气盛的我，总想去外面的世界看一看。

从来没有离开过家乡的我，面对未知的一切也心存不安，但是，这种不安恰似生命里的盐，让我无法割舍。我渴望去更广阔的天地，去经历更多的冒险和挑战。我知道，或许我的人生不会一帆风顺，但我愿意去尝试，去追寻自己的梦想，去探索那个等待着我的未知世界。

也许是初生牛犊不怕虎，也许是内心一直怀抱对未来的笃定，2007年的正月初四，我收拾了行囊，毅然踏上了新的征程。出发前，我假装没有听到父亲的叹息声，也无视母亲的眼泪。因为，我无法给予他们任何承诺。

辗转到达武汉后，我换乘了前往上海的车。这列车的车厢里挤满了返城打工的人，我被挤在中间，寸步难移，一只手紧紧抱住背包，另一只手紧紧握住吊环。就这样，我从武汉一路上摇摇晃晃地到了上海，这段路途，似乎是我站着时间最长的一段。

每当回忆此事，我的内心都对父母充满了歉意，我特别感谢他们在我人生中的每个关键时刻给予的理解、包容和毫无保留的支持。他们或许曾对我的选择感到担忧，但他们没有剥夺我实现梦想的机会，而是鼓励我勇往直前。

到达上海之前，我曾想象过无数艰难的时刻，但是，现实也并非不可逾越的鸿沟。我幸运地加入了一家SaaS科技公司，主要服务银行、保险和航空公司。

离职多年以后，偶尔和前同事们谈及这段经历时，我们都不禁感叹：在科技公司工作时，经过客户的洗礼和锤炼，现在，无论是在服务的整体框架上还是细节处理上都不会太差。这些宝贵的经验为我的职业生涯提供坚实的基础，使我能够持续为客户提供卓越的服务。

印象最为深刻的是，我曾经和同事们不分昼夜地连续数天加班，或奋力赶制标书，或全力以赴投入在项目中。在午夜时分，我们坐在街边小店里，一边吃着十元一碗的牛肉面，一边热烈谈论着项目的进度或未来发展。虽然累，但快乐，因为我们都在为梦想而奋斗，彼此激励，相互支持。

这段工作经历，对我未来的职场风格产生了深远的影响。

六年多以来，我一直深受领导的赏识与栽培，使我得以从一个刚入职的职场新人逐渐崭露头角，成为一名企业管理者。我感激领导的支持和信任，也感谢这段旅程带给我的成长和经验，让我能够不断前进，追逐着未来的梦想。

二、野蛮生长后的自我觉醒

命运的齿轮继续转动，那是广东之行的开始。

2019年初秋的一个夜晚，和朋友的一次微信聊天让我对未来的职业发展方向有了改变。朋友和我聊了一个晚上，介绍了关于要在广东拓展灵活用工的业务。我对这个项目充满了激动和期待。那一夜，我辗转反侧，难以入睡。如果我要做，就意味着要去另一个未知的城市重新开始。

从上海来到广州，对灵活用工业务尚不熟悉的我，只能在这片陌生的土地上野蛮生长。屋漏偏逢连夜雨，我不仅要面对业务的复杂性，还必须接受特殊时期带来的各种变化。

曾经有一段时间，超负荷的压力让我的体重一路飙升。有一天半夜惊醒，我才意识到自己需要调整状态。于是，我开始每天五点起床，在五羊邨的江边跑步。经过一段时间的坚持，我不仅改善了精神状态，还成功减重二十斤。这让我成了朋友圈自律的榜样。所有的自律行为都是挑战人性的弱点，需要放弃小的欲望，成就更大的追求。

经过几年的不断探索和实践，我渐渐发现，灵活用工能解决的问题相对有限，客户需要的不仅是应对单一问题的解决方案，而是更加全面和专业的整体解决方案。特别是金税三期和四期上线和实施以后，企业面临着越来越严格的监管，财税合规需求越来越迫切。这引发了我对行业需求和趋势的更深刻的洞察。

我开始研究如何才能更好地为企业提供更全面的财税咨询服务。于是，我报名参加了线上和线下的多种课程，持续学习。同时，我还拜访了行业里很多优秀的老师和专家，并得到了他们的大力支持和帮助。我的专业能力也得到了快速提升。

事实证明，在一个层次上无法解决的问题都会在另一个层次上准备好了答案，我们需要做的就是不断提高自己的认知和维度。过去的许多问题，我在自我提升后，渐渐变得清晰明了，如拨云见日，可以轻松应对。当我用自己的专业能力帮助更多企业解决问题时，我的心中有一些久违的小欢喜。

三、创业初心的探寻

偶然的一念，我决定创办新公司。然而，已经困扰了我很久的公司名称的事宜，久久没有确定下来。

2021年12月30日，我委托丹总帮忙注册公司。当天下午，工商局就批准了这个名字。得知此消息时，我一个人从办公室的椅子上蹦了起来。至此，公司名尘埃落定。

创业路上的曲折不必多说，我也渐渐明白了如智者所说，创业就是一个修心修行的过程。几乎每位创业者都难免要经历一段不可诉说的至暗时刻，然而，这样的时刻，正是沉淀和积累悄然增长的重要时刻，也是最难能可贵的人生财富。

正如蚕蛹在冲破茧壳时，便迎来了广阔的天地，创业者在度过困难时刻后，也有望迎来更大的发展和成功。也如三兽渡河的典故，从兔子到马再到香象，修行不同，最终的结果也有所不同。

稻盛和夫纠结要不要创办KDDI（日本的一家电信运营商）时，曾反复问自己："我所求的是出于正当动机吗？我确无利己私心吗？"我也曾反复扪心自问创办企业的初心是什么，动机是什么。很多人告诉我，公司要包装要润色，可是我一直找不到感觉。

直到看到《心法》里的这段话，我才豁然开朗——商业的本质是利他。创业并不仅仅是追求个人利益，而更是为了服务社会、满足客户的需求，为他人创造价值。这种使命感和正当动机将成为企业成功的关键，也会引导我们在商业道路上走得更加坚定和有意义。

没有人天生就拥有高尚的品德，通过修行才会拥有更大的愿景和责任担当。在知晓规律、懂得因果后，在面对特别难的选择时，才能更容易作出决定。因为动力不是来自外界的攀缘，而是来自我们自身内在的潜能和力量。

我的初心就是为了帮助身边的朋友实现"降低风险，长续经营"。也许我们的一个小建议，就能帮助他们规避因为不了解专业知识而带来的系统性风险。这就是我工作的价值和意义，一个"诚"字，可抵千言万语。

结　语

我们现在的人生，是过去无数选择的结果；我们现在所做的每一个选择，正在创造自己的未来。

坐在长椅上，我感叹，如今我已在广州扎根，一切恍如昨日。人与人的际遇，真的不可思议，每个人的生命剧本背后都蕴藏着无穷的智慧。我要特别感谢一路走来遇到的师长和朋友们，是他们给予了我支持和帮助，成就了今天的我。

第二章

协 作 力

在协作中，我们可以共创未来，单打独斗只能谱写孤单。

——贝拉克·侯赛因·奥巴马

吴本赋

广东华赋天诚企业管理咨询有限公司创始人
微信名：wbf945

人生的剧本由我改写

　　生而不由己，但生存却由己，挫折不期而至，却可由己应对。这是我对生活的领悟。每个人的起点也许不同，但剧本可以由我自己改写。生活中的不确定性也并不是我们能够掌控的，但我们所能掌握的是对待生活的态度和对困难的应对方式。

　　从一个不起眼的农村孩子到如今的创业者，一路走来，除了自己倔强和不服输的性格以外，更离不开一群志同道合、不愿向生活屈服的伙伴们。在这个过程中，我们共同拼搏，相互激励，不仅成为同舟共济的伙伴，还是生活上的朋友，是他们让这段旅程变得更加丰富、有趣，让我不再孤单地面对生活的风风雨雨。

一、穷困的童年成为人生坚韧的底色

　　二十世纪六七十年代，近十万浙江人移民江西。我父亲看到隔壁村民纷纷踏上前往江西的旅程，也按捺不住性子，放弃了村里卫生站安稳的工作，跟随着这股移民浪潮前往江西。后来，父亲认识了母亲，在江西安了家。

我大抵是随了父亲，有着敢闯敢拼的性格。他到江西以后，拜师学艺，学起了做生意。很快，我们家就成了村里的首富。在那个很多人还吃不上肉的年代，我们家就有吃不完的肉，还有令人羡慕的十四寸的彩色电视机和凤凰牌自行车。

然而，随着孩子的出生，原本富裕的生活变得拮据。"80后"的我排行老二，有一个姐姐和两个弟弟。每个学期，每人的学费将近三百元。父母要拿出一千元来供我们上学，再加上后面还经历了一些事情，生活变得更加艰难。但是，在父母的心中，他们坚信只有好好读书才是我们唯一的出路。就算借钱，也得让我们上学。为了让我能接受更好的教育，父亲把我寄养在浙江的伯父家。那一年，我七岁。

伯父家里也不富裕，主要靠养蚕维持生计。到了他家以后，我需要帮忙干活。每天天不亮，我就背上一个几乎有我半个身子高的背篓去采桑叶。背篓装满后，由于我比较瘦小，背不动也提不动，只能用头顶着背篓回家。我的头顶到现在还有一个凹槽。

伯父家里还养了鸭子和牛。每天放学后，我需要把鸭子赶回家，有时候还要去放牛。因为学校离家很近，可以听到上课铃声。家里还有一些家务需要我做，我就趁着课间十分钟跑回家完成。到了冬天，因为没有厚一点的袜子和鞋子，我的脚上常常长出冻疮。

那几年，我都没有好好读书，也不会讲浙江话，感觉每天都有干不完的活。村民们觉得我太可怜了，不应该再待在这里受苦。后来，这些话传到了父亲耳朵里，妈妈也心疼我，于是，父母又把我接回到他们身边。那一年，我十三岁。

　　然而，回到江西以后，我又陷入听不懂江西话的困境，加之学习成绩也不理想，不得不从四年级退回三年级。但是，我热爱劳动，老师和同学们对我非常好，并推选我为劳动委员。

　　回到父母身边本是一件让我开心的事，却间接导致姐姐无法继续读高中，姐姐初中毕业后就去广州打工赚钱补贴家用。为了能早日减轻家里的负担，我报考了师范学校。我的两个弟弟，分别考上了医学院和农业大学。如今，我们都已成家立业，拥有了自己的房子和车子，而且都有两个孩子。我们还保持着每年都回老家和父母一起过年的习惯，大大小小共十八人，其乐融融。

　　生命中的艰辛与挑战可以成为坚韧与坚持的源泉，并塑造了我坚强而坚定的性格。亲情的力量成为我人生中最强大的后盾，无论面临多大的挑战，我都可以战胜。

二、倔强的性格突破职业发展的阻碍

　　2002年，我顺利完成师范的学业，然而，我并不想做老师。正好，有位同学说他哥哥在珠海工作，我也想去看看外面的世界。于是，我便和这位同学在105国道旁拦了一辆去往珠海的大巴车，到了珠海才发现，同学的哥哥过得也不是很好，我和同学带的钱也不多，所以我们只能一起挤在一间出租屋里。

　　作为师范毕业生，我们心里还有一些傲气，认为自己还有点文化，所以不愿意去做普通工人。但是，现实非常残酷，两个月过去了，我们依然没找到工作。如果再付不起房租，就会被房东驱赶到大马路上。实在没有办法，我只能硬着头皮进了一家飞机航模公司，每月的工资只有五百元左右。工作了一段时间后，我又换了一家公司。参加工作两年，我从生产工人晋升为仓库主管。

由于天生爱折腾的性格，我在攒了一点钱后，就决定和朋友开一家糖水店。不幸的是，这次创业仅半年就宣告失败，还搭进了所有的积蓄。我只能又回到起点，重新开始找工作。正好有个朋友在一家财税培训公司做销售，他告诉我，销售工作有几百元底薪，足够支付房租，且入职门槛不是很高。走投无路之下，我进入这家公司工作。然而，我面临的挑战才刚刚开始。

这是一家电销公司，我们每天要不停地外呼，然后给目标客户邮寄资料。为了节省房租，我住在珠海的郊区，到市区上班需要近一个半小时的公交车程。我每天早上六点起床，晚上坐最后一班公交车回家，到家差不多夜里十一点。为了充分利用时间，每次坐车时，我都坐在最后一排填写快递单。

那时，电脑还不是很普及，公司只有一台电脑。为了搜索更多客户信息，我每个月会去一次网吧，从深夜十二点到第二天上午八点，花费八元钱下载足够一个月使用的资料，发到自己的邮箱，再回公司打印出来。

身体上的劳累不是最苦的，更为艰难的是内心的挫败感。每次拨通客户电话，还没等我介绍完产品，就被客户挂断了电话。打一百次电话，可能只有少数几个人愿意继续沟通，有的客户甚至还会以不友好的方式回应。所以，我每天都要给自己做心理建设，克服被拒绝的恐惧。

当时的领导冯总得知我的情况后，语重心长地对我说："电话销售就像一个概率游戏。被拒绝是正常的，被接受才是意外的。每个人都要做好被拒绝的准备。所以，我们不用去思考对方的态度，内心要相信对方会接受我们。"慢慢地，我变得坦然了。同事们一天打五十个电话，我就打三百个电话。

找到客户资源以后，我们需要上门拜访。还记得第一次去拜访客户时，我差点放弃了这份工作。那是一家拥有相当规模的压缩机生产公司。在公司里，我模拟演练了很多遍话术，可当见到对方公司财务部长的时候，我的脑袋变得一片空白，一句话都说不出口。

部长见状，招呼我坐下来，还给我拿了一瓶水，然后询问我是否首次上门拜访，我回答："是的，我刚刚加入公司不久。"他并不意外，表示之前对我们公司有所了解，然后接过我手中的宣传彩页自己浏览起来。接着问了我两个问题，我也没有回答上来。最后，他告诉我需要在公司内部商讨，请我先离开。

离开那家公司后，我几近崩溃，开始怀疑自己是否患有社交恐惧症，是否不适合从事销售的工作。然而，我不能放弃，女朋友还等着我赚钱结婚。于是，从第二天开始，我就对着镜子练习，看着镜子中自己的眼睛，假装面对的是客户。

幸运的是，一周后，那家公司的财务部长购买了产品，他给了我继续坚定走下去的信心。五个月后，我获得了公司销售成绩的第二名，并且被提拔为部门经理。

我能得到如此快速的成长，是因为我天生倔强的性格，以及对目标极为坚定的信念。平时，当同事们在分享业务知识时，我会主动给他们买水，然后站在旁边学习。同时，我还学会借助领导的力量，请求他们协助我去谈订单。

三、认知的提升撬动职场晋升的杠杆

晋升为部门经理后，我开始带团队。然而，在这个过程中，我也遭遇了一些挫折。

也许是从小离开过家的原因，我不希望看到团队里的任何一个成员离开，所以，我把80%的时间精力放在辅导业务能力比较薄弱的员工身上，希望帮助他们成长。也许是因为我在他们身上看到曾经的自己，以为只要勤奋，就能做好销售。事实证明，我错了。

半年后，公司组织了一次年会，但只有业绩前一百名的员工才能参加。我突然发现，团队里只有我自己有资格参加，好几个员工都是在边缘线上，而那些我曾尽力去扶持的员工差距更大。我非常懊恼，如果我能给边缘线上的员工一点助力，他们很可能就达标了。

我开始反思，一个团队中，如果只有我一个人成功，那我就算不上是一个好领导。在时间精力有限的情况下，我决定把重心放在优秀员工身上，协助他们去见客户，帮助他们克服困难。然后，我开始提拔那些表现出色的员工，让他们来帮助后进的员工。经过一年半的调整和不懈努力，我终于把团队带上了正轨。很快，我又获得了晋升机会，成为海南分公司的总经理。

到了海南以后，一切都需要重新开始。经过一个月的市场调研，我了解到海南的地域文化特别重，生活节奏也比较慢。员工上班不是为了拼搏，也不是为了金钱。这给我了一个很大的打击。值得庆幸的是，在工作磨合的过程中，我慢慢找到了

方法——先树立榜样，把不可能变成可能，用行动改变他们的认知，然后再去影响更多的人。

当时，我们的产品要涨价，业务团队都认为这样做可能会引起老客户的不满，认为涨价方案难以推行。于是，我准备找财务部的一位年轻人来突破。有一天，我问她："你这么年轻，如果一直拿着财务的固定工资，不会觉得人生很浪费吗？我们应该趁年轻，突破自己，去体验不一样的人生。同样的时间，业务人员每个月可以赚上万元，而且他们可以接触到社会上的更多人，如果你一直坐在办公室里，表达能力也会下降。未来出嫁了，也要跟公婆打交道，和爱人小孩打交道。现在有个机会，你要不要尝试一下？"

经过我几次劝说后，终于有一天，她向我要了客户名单，开始在办公室打电话。一周后，她竟然卖出去了第一个涨价的单子。从此以后，她就转型做业务了。之前对涨价抱怀疑态度的业务员也开始相信我说的话。

以身作则一直是我在带团队过程中秉持的原则。我坚持跑步超过六年，体重从原来的180斤减到现在的145斤。在企业上班的十四年时间里，我没有迟到过一次，也从来不请假，这是我对职业经理人的要求。此外，我还会经常参加高端的行业峰会，并且坚持学习，比如心理学方面的知识和阅读曾国藩的《冰鉴》，以便我更好地做好团队管理。

因为业绩突出，我每年都获得出国旅游的机会，几乎游历过亚洲的所有国家，我也在这家公司赚到了第一桶金。后来我被调到广州，任华南区域总经理。

四、创业的梦想助力财务人员的发展

也许是基因的原因，我从来不认命，不想一直打工，认为只有创业才能真正掌握自己的命运。

有一次，我和某位财务总监分享我的创业梦想时，他问我："如果现在你要创业，手上有什么资源呢？"我罗列了手上的资源，他听完后，提出了两个关键问题："如果你自己不能研发出好的产品，你只是复制别人的路，你有什么竞争力？你拿什么去营销？"

我哑口无言，陷入了沉思。我决定要去更大的公司学习产品研发和营销。在朋友的推荐下，我前往上海的一家业界领先的企业工作。在五年的工作中，我深刻意识到，企业要做大做强，一定要具备创新能力和对市场的敏感度，并研发出市场上最前沿和最受欢迎的课程。另外，销售跟运营团队要分离，这样才能确保客户不会因为员工的离职而流失，同时，运营人员还可以再去挖掘客户更多的价值，提供更精准的服务。

2021年，我终于有了创业的底气。然而，家里人表示非常不能理解。他们认为，第一，外在环境不是很好；第二，我在原公司收入高又稳定。经过一个月的沟通，他们终于同意了我的决定。

在财务培训领域工作的十四年时间里，我接触的主要是财税专业类的培训。随着社会的发展和技术的不断迭代，企业对财务人才的要求也逐渐发生了变化。相较于有学习力和创造力的年轻人，四十岁以上的财务人，如果还没有上升到较高的职位，可能会面临被淘汰的风险。于是，他们急需提升非专业能力，或者转型。

我的愿望就是要打造一个能够帮助财务人提升知识体系、专业价值变现和人际资源拓展的平台，实现共创、共建和共享。财务人在这个平台除了可以学习专业的知识和考取专业证书外，还可以提升职场的软技能，比如领导力、演讲力、思维力、沟通力和写作力等。同时，平台提供创业的机会，让专业的人才成为企业的咨询顾问，打造属于财务人的深度社交生态圈。未来五年，我希望帮助一万个财务人实现二次就业，并帮助五万家中小企业解决财税合规问题。

和我一起创业的伙伴们，都是曾经一起打过仗的志同道合的人，包括和我并肩作战近十年的战友。我待他们如兄弟姐妹般，每年还会拿出个人收入的20%作为奖励。我一直坚信，一个人富不长久，一群人一起富才会更长久。

经过几年的磨合，我们形成了很好的企业文化。比如，每周一，每个人都从家里带一道菜来公司，大家一起吃饭。我们不仅仅是合作伙伴，更像家人一般。伙伴们出去开展业务的开销，也不一定报销，因为他们把公司当成自己的事业投身其中。

未来，我们希望能在一个小区里，每个人买一套房子，一起慢慢变老。每年，我们还要去爬一座高山，一起创造更多美好的回忆。这样的共同梦想和理念让我们更加紧密地联系在一起，成为一个团结的团队。

结　语

有一句名言说得好："幸运者用童年来治愈一生，不幸者却用一生来修补童年。"这句话深刻地勾勒出我人生中的一段旅程，童年时的穷困和艰辛，给了我一生的坚韧和决心。早年的经历，成了我生命中坚强的底色，使我能够勇敢地面对生活中的各种挑战，为自己和家人铺路，创造更美好的未来。

创业的道路从来都不是一帆风顺，充满了艰辛和挫折，但我一直坚信着内心的力量。这份坚定的信仰驱使着我不断前行。我期待能与更多志同道合的财务人一起，共同创造更美好的人生，为梦想努力拼搏，让未来更加灿烂夺目。

徐 强

财税软件公司合伙人

微信号：xuqiang182158

NO.02 ♠
照亮未曾遇见的未来

　　贫穷不可怕，可怕的是，我们没有改变生活的勇气；挑战不可怕，可怕的是，我们放弃挑战的机会；失败不可怕，可怕的是，我们从来没有正视过它。

　　我不是一个天生乐观的人，却对生活怀有深深的热爱，对生命充满热情。我希望用自己的力量，照亮更多人未曾遇见的未来。也许，这是我生命的真谛。

一、在艰苦中品味相亲相爱的幸福

　　在我父亲还很小的时候，爷爷就去世了，留下奶奶一个人艰难地把三个孩子抚养长大。当改革开放的春风吹进村子时，父亲像被这春风点燃了一样，没日没夜地干活，只要能赚钱的活都不放过。随着人们生活水平不断提高，村子里越来越多的家庭开始盖土木结构的房子。于是，父亲开始烧制青砖青瓦，最终成了我们当地有名的师傅。家里还养了头母猪，一年产两次小猪仔，也成为家庭的主要收入来源之一。

　　在父母身上，我看到了他们与命运抗争的坚韧，看到了他们对美好生活的期待。年幼的我，能体会到父母亲起早贪黑日夜劳作的不易，当他们去农田干活时，我就在家学做饭和喂猪食等力所能及的事情；每当农忙时，我就帮着插秧、施肥和收割；当时还没有农用车，打下来的水稻谷子和晒干的稻草全靠肩挑回家。这段农村的经历和体验一直影响着我。

也许那个年代农村的孩子都是这样过来的吧。与祖辈们相比，我们算是幸运的。看似艰苦的日子，却让我更加热爱生活，更加珍惜家族里的每个人。我经常和自家兄弟常常在一起玩耍、一起劳作，感情非常好；有时候肚子饿了，还一起去田里偷瓜，当然这种行为是不对的。

父亲深知，在农村除了种田，几乎看不到其他出路和希望，所以，从我还很小的时候就一直鼓励我要好好读书，因为这是唯一的出路。我一直很感激父母和亲戚们帮助我完成了学业。后来我也如长辈们一样，资助弟弟们完成了大学学业，帮助他们去追求梦想。这种互帮互助的精神也逐渐成为我们家庭的一种习惯。

我始终相信，一个人的力量是有限的，一家人的力量才是无限的。这种家庭凝聚力和共同奋斗的精神，不仅使我们克服了困难，也促进了家族中每个成员的成长和发展。

二、在幸运中摸索未曾遇见的未来

也许是职场竞争相对较小，也许是命运的眷顾，二十世纪九十年代末，我幸运地进入一家北京的教育软件公司，负责市场调研，每个月工资近3 000元。

虽然我是应届毕业生，完全没有经验，但是部门领导对我的印象还不错，很喜欢我这个来自农村黑瘦黑瘦的小伙子，主要是我做事认真细致，又会使用电脑操作应用，还有那么点机灵。部门里有十几位来自清华和北大的前辈们，我常常跟着他们学习以提升自己的能力。

当年做市场调研，每天主要的工作就是读报，在读报中收集、获取相关行业的动态信息，每周去参加北京各种大大小小的展会，以了解企业快速变革中的机会。

一次偶然的机会，因负责所在公司财务软件选型，我认识了当时公司规模较小但如今很有名气的某财务软件公司原北京公司销售经理胡总。一年后，我从原公司离职，进入了这家财务软件公司成为客户经理，这对我来说是一个全新的开始。

在那个敢想、敢干、敢当的年代，我抓住了机会，尝试各种工作。没曾想，我竟然在这家软件公司一干就是23年。

入职不到两周，我就被领导安排去深圳，接待前来参加"首届全国会计信息化研讨会"的各省地市财政厅局领导和专家。随后，另外一个"惊喜"来了，领导让我在深圳多留一个月，去熟悉各部门同事、学习产品方案和了解相关业务政策。后来才知道，他是要安排我去河北成立分公司，开拓新市场。

从熟悉的城市到了另一个还不熟悉的城市，从选办公场地、工商注册到招聘员工，我经历了从未接触过的事情。两年后，我被调回深圳本部负责市场联盟、政策制定和业务运营。后来，我再次回到一线负责核心城市与机构的渠道发展与生态伙伴建设。

三、在工作中探索团队管理的技巧

管理销售团队，要充分借助市场的力量，加强品牌的宣传力度，从而提升影响力；同时要做好业务布局，比如，了解哪些是重点城市，需要首先突破，从而影响其他城市。这些都可以让我们事半功倍。但更为重要的是，要做好团队管理。我总结了以下四个关键点。

关键点一：思想引导

我进入的第一家公司的领导宋总，提出了一个八字方针：观念、思想、方法、行动。不管在哪个行业，哪个岗位，负责多大的部门，首先要有足够开放和包容的观念；在一个好的观念指引下，才会形成一个好的思想；这种思想接下来会形成一种工作方法；有了方法以后，就可以行动了。

好的产品，还要做好推广，让更多客户接受。如何能让更多的伙伴接受并且愿意来销售，这是最重要的工作之一。作为管理者，我们需要通过观念和思想去影响团队成员，只有和他们形成相同的观点，然后保持思想一致，才有可能获得比较大的成果。

为了更好地传递思想，除了集团年度动员会以外，我还会根据业绩增长、当地的市场占有率、客户数量、老客户经营情况和内部管理等指标对团队进行布局，分为第一梯队、第二梯队和第三梯队。

第一梯队是关键的力量。当我提出一些创新思想的时候，有些伙伴不一定能完全了解或者接受，我把第一梯队的成员树立成标杆，总结出要点，作为一个案例，然后，由领导组织"走近伙伴"会议进行宣导，让更多人看到可能性。

第二梯队是我重点扶持的对象，它的团队最庞大，是未来的潜力梯队。我会筛选出进步较大，或者工作有一点起色但还有待突破的成员，带他们去拜访潜在客户，形成新的思路，同时确定下一批的目标客户。然后，把我们拜访客户的照片和信息分享到群里，从而起到相互影响的作用。

以上两个做法，也是为了让第三梯队更好地向第一、第二梯队学习，激励他们在未来的两三年里也可以获得如此成就。

关键点二：有效激励

如果能充分利用好公司的信任和授权去激励下属，将带来非常大的收益，否则业务发展会很慢。首先，我会带着他们一起策划营销活动，一起走向市场，一起做地面推广，让他们感受到我给予的支持和激励；其次，我会组织各种挑战赛，然后进行排名和奖励。

我很少辞退我团队中的员工。即使有些员工成长速度太慢，我也会想办法让他留下来，多给他一次机会。事实上，这些员工后来大多都干得还不错。在我眼里，一个人只要足够勤奋和善于学习，不可能成长不起来的。帮助团队成员成长，是我存在的价值和意义，也许这就是我的使命吧。一个跟了我六年的员工，有一天突然开窍了。去年我离开团队以后，他还发微信给我："强哥，今年上半年，我已经能排到很前的位置了，感谢您多年的培养！"

关键点三：情感建立

人与人之间的情感建立，实际上是信任关系的建立。如果团队成员之间，只有业绩没有人情味，是不会走得长远的。所以，除了逢年过节的关怀，我常常和大家坐在一起吃饭；如果他们遇到生活上的问题，也会来请教我，有时候凌晨三点还在打电话；我还会带大家出去旅游，几乎走遍国内绝大多数的高山。久而久之，我们之间就形成了信任，像兄弟姐妹般，他们都亲切地叫我"强哥"。

关键点四：以身作则

以身作则，是我在职场中坚守的信念。也许是受父母的影响，也许是在农村时磨炼出来的毅力，我习惯了没日没夜地工作，即使是周末，我也乐在其中。曾经有团队员工写了一篇介绍我工作的一天的文章：早上七点开始和伙伴吃早餐，交流业务；下午去拜访客户；晚上继续工作，甚至凌晨三点才睡觉。

这就是我，认真对待工作，时刻保持工作状态和精神，不怕吃苦，也不怕多做事。好之者不如乐之者。工作，让我找到了人生意义，也让我学会了享受工作的快乐。

结　语

2022年，我离开了工作了23年之久的软件公司，开始了新的人生选择，从打工人变成了创业者，在企业数字化管理领域开始了新征程和新实践。我期待通过自己与团队的努力，助力更多中小企业建立数字能力，并与生态伙伴共发展、共成长。

罗曼·罗兰说过："世界上只有一种真正的英雄主义，就是在认清生活的真相之后依然热爱生活。"在人生路上，我们会遇到很多困难，也会面对很多不公平，还要面对很多压力或者挑战，但是，只要我们依然能够热爱生活，面向未来，就能够走得更轻松、更快乐。

曹明香

中国注册会计师
曾任世界500强财务负责人
二胎职场妈妈
阅读瑜伽爱好者
微信号：Caomx1984

NO.03 ▲

为光和爱撑起一把伞

　　生命的旅程似乎从一开始就充满了各种起伏，带给我们无数的经历和经验。美丽的风景带来的喜悦，与不息的风雨带来的挑战，交织成了我们丰富多彩的人生图景。

　　因为从小经历了太多苦难、恐惧和迷茫，我更加珍惜生命中的每一个瞬间。我希望，未来能够用自己的爱和勇气为别人撑起一把伞，让他们在生活的风雨中感受到温暖和安慰。或许正是这份使命感，让我更加关注他人的需求，成为生命旅途中的一位陪伴者和支持者。

一、艰难的生活教会我要传递希望和温暖

　　二十世纪八十年代，妈妈冒着极大的风险把我带到这个世界。一出生，竟然是个女孩。当时奶奶说的第一句话就是："女孩谁要啊？长大了也嫁不出去。"

　　自出生的那一刻起，我的成长过程似乎就注定了将会充满挫折与挑战。过年时，奶奶会给哥哥和堂弟们口袋式小鞭炮，而我和妹妹只能眼巴巴地看着。有一次，阿姨当着我的面给哥

哥压岁钱，然后转向我说："香香，你就算了啊。"那一刻，我的自尊心受到极大的羞辱，恨不得找个地洞马上钻进去。

十岁以后，我上山砍柴、打猪草和摘茶叶，还能干各种家务活。某个周末，我干完家务活后在里屋写作业，听见阿姨在外屋跟妈妈说："等香香再长大一点，就可以去打工赚钱了……"听到这句话，我的内心迷茫起来，爸爸不是说"万般皆下品，唯有读书高"吗？我还能上学上到什么时候呢？

那个年代，想要进入中学，就必须通过考试。我凭借优异的成绩考入了镇上的中学。在班级里，我一直名列前茅。初三时，我被分进了重点班，并且保持在前十名的位置。尽管取得这些看似不错的成绩，我内心依然无比迷茫，担心不知道哪天就不能上学了。

那时，因为哥哥学医，家里背负了沉重的债务。如果为了我要上学而再去向亲戚们借钱，那些盼望着我早日出去打工赚钱的亲戚会愿意帮我吗？何况他们也并不宽裕。

我在迷茫中前行，靠着自己的努力和毅力，用助学贷款和边工边读等方法，完成了大学本科阶段的学习。成长过程中的经历，塑造了我的人生观，让我深刻地理解了带给别人光和爱的重要性。

二、踩过的坑让我懂得如何带领新人成长

步入职场后，我再也不用为学费而担忧，同时也减轻了父母的负担。我对未来充满了期待和憧憬。

我的第一份工作是出纳，主要负责处理现金和银行收支，按领导的指示记录仓库进销存明细账。看着同事们在处理会计

凭证、登账、编制财务报表时忙碌的身影，以及财务主管熟练地与各部门沟通协调，我的内心无比羡慕和敬佩，因为这是真真切切地接触实际业务。

有一次，我试探性地问领导："有什么凭证类的工作可以给我做吗？"领导看了我一眼，说："你负责仓库登记表就好了。"每当我靠近同事时，他们就会用手或物品挡住手中的凭证，好像里面有什么机密似的。后来我才明白，他们这样做也是在保护自己。

工作了一段时间后，我发现之前学到的会计知识并不总能很好地应用到工作中，因此我决定加入"考证大军"。下班后，当同事们三五成群逛街吃烤串时，我则投入学习中，并最终取得会计初级和中级职称。

俗话说："机会是留给有准备的人。"三年后，由于财务主管结婚后要迁往外地发展，领导想在内部提拔一位合适的人选来接任主管的位置。经过一番选拔和考察后，我最终脱颖而出。自此，我进入了管理的队列，我的职业生涯翻开了新的篇章。

通过与不同的人交流和学习，以及在职场中的经历，我下定决心要成为一个有格局、有态度的领导者，引导大家以结果为导向，团结互助，并将"协作力"作为绩效考核指标之一。

有一段时间，负责出纳的员工休产假，我招了一位实习生小晴过渡。小晴在面试时特别紧张，却很诚实地表示自己没有实战经验，所以不计较工资，只希望能积累一些职场经验。她的坦率让我想起了自己刚入职时的情形，我当即决定让小晴下周上岗。

小晴的职责是处理好现金和银行收支，但我希望她在这段时间里能学到更多的职场技能，具备基本的职业素养，实习结束后能独立地处理基础工作。我在团队会议上强调了这一点，并指派一位老员工带她。

小晴比较胆小，有疑惑不太敢直接问我，咨询其他同事的时候也是小心翼翼。有时候埋头完成的任务，结果并不符合我的预期。我温和但严肃地对她说："在工作中，不仅仅是完成任务，更要在理解任务的背景和目标基础上进行。如果有不明白的地方，多问，没有人会因为你问问题而批评或嘲笑你……"

对于刚刚进入职场的新人而言，拥有明确的目标并积极探索，成长速度会更快。经历六个月的锻炼，小晴学会了Excel函数用法和小技巧，初步掌握了如何根据收付周期编制更准确的资金预算。

教，即是最好的学。作为管理者，我带着责任感带团队，帮助新人少走弯路，快速成长，同时也最大限度地发挥团队的力量，为公司创造更大价值。在这个过程中，获益最大的其实是我自己。正如美国前总统约翰·F.肯尼迪所说，一个人的能力是有限的，但是如果你能够通过自己的知识和智慧去帮助他人，那么你的影响力就是无边无际的。

三、努力破局成为支持他人成长的影响者

在职场中，我们免不了要经历职场的变迁。一位有责任心和成熟度的职场人，不仅在工作期间会认真履职，更会在离职时做好最后的交接工作。

三十岁那年，我空降到一家外资企业担任财务副部长，和前任的交接时间只有一天。与其说交接，不如说只是把工作的

电脑交给我。在我入职的第三天，总经理让我和他一起去和另一位股东开会，开会的背景和目的我并不清楚。

会议上，我保持沉默。通过会议双方的态度，我感觉自己仿佛置身于硝烟弥漫的战场中。开完会已是下午三点，回到办公室，我看到财务室全员都趴在桌上休息，毫无生气。我突然意识到自己掉进了一个巨大的火坑里：股东之间正处于分崩离析的硝烟中；财务团队一盘散沙。个别老员工对我也是持观望态度，而有些年轻的员工又特别胆怯，甚至说话都小心翼翼。

虽然我并不了解这家公司曾经发生过什么，但我能预感到我的工作将会面临巨大的挑战，我甚至想打退堂鼓。我又转念一想，曾经如此多的困难都克服了，现在不正好是进一步提升的机会吗？为何要退缩呢？如果我能够改善这种状况，不正是体现了自己的价值吗？

于是，我开始整理思绪，通过研读公司章程、组织结构、财务规章制度以及近两年的财务状况，快速了解公司的情况；通过与财务部团队成员进行一对一面谈，了解团队各成员的工作情况和态度。虽然她们的眼神中流露着对我这位年轻领导的半信半疑，但我依然决定努力前行，改变这里的现状。

在了解公司的经营状况时，我特别关注了公司的研发经费和教育经费。因为研发经费的投入代表公司产品的生命力；教育经费的投入结构可以在一定程度上反映公司的管理能力和团队素质。当我发现，这家公司的教育经费几乎为零时，我开始思考如何在现有条件下，培养一支优质的团队。我一直坚信，没有学不会的徒弟，只有不会教的师傅。

我鼓励团队要勇于创新。犯错不可怕，可怕的是，为了不犯错而什么都不做。经过一年的引导和内训，团队成员的技能有了明显的提升，大大提高了工作效率。

看到这些成果后，总经理更加支持我的工作。后来，在我的建议下，总经理支持我们积极参加外部培训，和更多的同行交流，以拓宽思维、打开视野。经过两年的努力，财务部不再只是一个单纯的核算部门，而是能够为企业经营决策提供有价值的数据分析和建议的重要部门。曾经有一次，某车型利润率异常，我们在对成本进行深入分析的过程中，发现前端部门在确定售价时出现错误，我们通过及时与该部门沟通与协调，最终为企业挽回上千万元的损失。

因为经历过无人交接而给工作带来极大困扰的情况，我开始整理日常文档和特殊事项，并要求团队成员也要创建日常事项和特殊事项的工作清单。这些备忘录不仅能帮助大家日常复盘，还能帮助转岗的同事或新人接手，它们都是非常宝贵的资料。

经过一番梳理，财务团队从最初的"一团乱"变得有条不紊，我心里也有了一些成就感。记得刚来时，团队成员们都只有会计证，连一位助理会计师都没有。几年后，除了我自己获得CPA证书以外，还有好几位团队成员取得了中级会计师资格。同时，我开始默默地培养接班人，希望未来的接任者不会再遭遇我之前的困境。

曾经，有位与我关系不错的同事开玩笑地说："你培养人家，有什么好处？难道你不担心人家会取而代之吗？"我说："我的'护城河'不是证书，不是注册会计师和税务师，也不是Excel办公自动化和财务分析这些技能，而是人格魅力，以及不断学习和迭代的能力。"

当我离职时，我和总经理从多名应聘者中，挑选了一名接班人。我用了一个多月的时间进行交接，将公司的经营情况、团队成员情况，以及工作中可能会遇到的挑战等都逐一介绍给了接班人，尽我所能帮助她顺利接手工作。

结　语

时间从来不等人，蓦然回首，已是中年。经历了岁月的洗礼，我对人生有了更深刻的感悟和体验，开始更注重关系，而不仅仅是事情本身，这包括了职场关系、人际关系和亲子关系等。

进入人生的后半程，我要尽自己所能在职场上继续发光发热，为社会创造价值。同时，我会更多地关注孩子的成长，学会平衡与取舍，不求大富大贵，但求孩子可以独立自主、向上向善。此外，我也将更加重视自己的内心需求，通过阅读、瑜伽和冥想等活动来放松身心、充实自我。

未来，我将持续不断地探索生命的意义，并努力投身于更有意义的事业中。我期望能够为团队成员提供更多的发展机会，让自己的人生更加丰富、更有深度。

第三章

学 习 力

学习是一种旅程，而非目的地。

——李开复

陈 龙

企业财务总监
0-1财务体系建设者
企业内训师
微信号：Bluechen957

学习是最好的投资

每年高考结束，总有家长会问我："财会专业怎么样？我的孩子现在报考这个专业，会有前途吗？"在与同行交流时，大家总是讨论："我要不要转行呢？干了十几年财务，出路究竟在哪里？"

十五年来，作为一个没有"985"或"211"学历，没有CPA证书，也没有背景的普通财务人，我从职场小白成长为企业财务总监。在这个过程中，我深刻领悟到，学习是最好的投资，它赋予我在充满荆棘的职业道路上持续进步的力量。

一、财务职业生涯发展选择

财务人的职业发展有两条路径：

一条路径是进入会计师事务所，做审计、内控，帮助企业IPO。即在不断积累经验的过程中，有机会成为事务所的合伙人，带领团队做项目；或者跳槽至集团企业，负责内控方面的工作。如果有丰富的IPO经验，还可以考虑跳槽至有需要进行IPO的企业，担任财务一把手的职位，通过协助企业上市实现个人价值。

需要提醒的是，选择这条职业路径，有一定的门槛要求。这条路径最佳的起点是争取进入四大会计师事务所，其次是国内八大会计师事务所。作为敲门砖，建议尽早取得CPA证书。

另一条路径是企业财务之路。初入职场的财务人，常常会面临一个抉择：在没有丰富的财务从业经验时，是进入大型企业从一个细分的财务岗位做起好，还是进入小型企业负责全盘会计比较好？

在有选择的情况下，我的建议是：先进入大型企业开始自己的财务职业生涯。好的平台能够给自己提供品牌背书，对未来的职场发展具有重要的作用；大型企业内部的管理体系相对完善，能训练职场人的思维模式，拓宽视野，以及建立对财务工作全面和先进的认知；大型企业的培训工作也较完善，常常会有前辈"传帮带"。优秀的领导或者同事，在关键时刻给予的宝贵指导，能让职场人少走好几年的弯路。

当然，大型企业也有其不足的地方。大型企业通常具有完善的制度标准和流程，工作任务也相对细化，容易让基础岗位"螺丝钉化"。如果没有轮岗的机会，长期在一个岗位上工作，对于职业发展会产生不利的影响。所以，在一个岗位上工作2～3年后，如果得不到轮岗的机会，也看不到学习成长和晋升的机会时，就要考虑寻找一个能满足自己需求的平台，继续学习和沉淀。

也有人担心大型企业的门槛很高，无法进入。其实，起点低一点也没有关系。我们可以找到心仪企业的岗位，然后根据岗位需求找出自己需要提升的能力，制订学习计划，比如可以通过考取相关证书、阅读专业书籍、参加培训班，或者向优秀的前辈请教，让自己在尽量短的时间里达到心仪企业岗位的招聘要求。通过不断地设定阶段性目标，职场人可在职业生涯中稳步上升。

另外，年龄是大多数职场人都需要面对的一个现实问题。近年来，我总结了身边优秀的四十岁以上的前辈们保证年收入不下滑，甚至还有所提升的几个方法。

第一，成为掌握核心资源的人才，比如拥有完整的IPO上市经验，或者自带融资渠道资源。他们的专业知识和资源储备使他们在财务领域能够保持竞争力，也能让自己的价值得到持续增长。

第二，成为企业核心人才，获得领导的信任。他们通过多年来卓越的工作表现与企业形成了坚实的信任屏障，这使他们能够在企业内部持续获得稳定的地位。

第三，晋升到企业的合伙人的职位。他们的出色表现和领导才能，让他们在组织中占据了关键的地位，成为企业不可或缺的人才资源。

第四，转型成为培训师或者咨询顾问，作为乙方为企业提供专业的服务。这也是顺应市场的需求，但是对个人的综合能力要求会更高，比如需要有过硬的专业知识、足够多的客户资源等。

人无远虑，必有近忧。职场人要想在职业生涯中保持竞争力，并实现收入的稳定和提升，就需要提前规划和行动来应对未来的各种不确定性。一方面，要夯实自己的基本功，多阅读、多学习，熟练掌握各项财务技能；另一方面，在主业相对稳定的时候，尝试用自己的专业知识开展副业，以实现多元化发展，为自己的职业生涯加上双保险。

二、如何在工作中抓住升职加薪的机会

每个公司的资源都是有限的。如何在职场中脱颖而出，得到领导的认可，并得到升职和加薪的机会呢？刚毕业的时候，我感到非常迷茫，不知道未来的路该怎么走下去。直到我遇到了人生中的第一个贵人。

那时，我加入了深圳的一家内衣公司。财务部有十多位同事，大多数是女性。当时正巧有一位女同事要休产假，财务总监问我是否愿意接手她的工作。当时，我想着自己还年轻，要多做事情，积累工作经验，于是就痛快地答应了。

没想到，这个决定成了我职业生涯的第一个重要转折点。在后面的三年时间里，陆陆续续地有不同岗位的女同事休产假，于是，我把财务部相关基础岗位的工作全部做了一遍，这让我对财务整体的工作流程和工作内容有了更深入的了解。

在那段时间，每当遇到解决不了的问题时，我都会带着自己的思考去向领导请教。通过与领导的交流，我不仅学到了领导看待问题的方式和思维模式，同时，还赢得了领导的信任。逐渐地，领导开始给我安排一些比较重要的工作，还提拔我为财务主管。

在我离开内衣公司后，我遇到了人生的第二个贵人。当时，我面临两个职业选择：一个是加入一家已经上市的内衣公司，在一百多位财务人员中，负责其中一个模块，担任财务主管；另一个是，加入一家初创的快时尚男装公司，公司内的财务人

员不到十人，担任总账主管。

在这两个选择之间，我很纠结。于是，我去了两个公司的门店进行实际消费，发现男装公司颇具发展潜力，这对于个人的成长是不可多得的机会。最终，我选择加入了男装公司。

公司每年新开店铺近百家，为了匹配公司的快速发展，公司聘请了一位具有上市公司背景的财务总监钟总（他正好来自我放弃了录用机会的内衣公司）。钟总参与并主导了前公司的各项财务体系建设，并协助企业最终成功敲钟上市，具备非常强的从0到1以及从1到10的财务体系建设能力。

钟总入职后，做了两件事情，对我的职业发展产生了深远的影响。

第一，他在了解了公司情况后，与财务团队核心骨干开了一次小型会议，介绍了自己的管理风格，并强调作为部门负责人的职责。他会时刻提醒自己：部门的成员跟着他干，能得到什么？是在这里得到了升职加薪的机会，还是个人能力得到了成长？他还制订了一份财务相关岗位技能内外结合的培训计划。

第二，他与核心骨干一起共同确立团队目标，详细介绍公司对财务部门的短中期目标，告诉大家为什么要这样做以及怎么去做。此后，部门定期召开月会，制订工作计划，并按周跟进工作完成情况。

随着一系列财务体系建设项目的完成，包括核算体系、全面预算、经营分析、业财一体信息化的集成等，在公司的经营分析会议中，财务部门不再是坐在角落的旁听者。财务部门开始主动分析各经营指标达成情况，并提出合理建议。同时，业务部门也对未达经营指标的问题和原因进行剖析并给出解决方案。财务部门逐渐由过去的"账房先生"转型为协助业务部门达成公司经营目标的好伙伴。

在这段工作中，我除了系统地学习了财务体系建设的技能外，还学到了如何协调内外资源、确保达成团队目标的为人处世技巧。最重要的是，在钟总的推荐和指导下，我顺利通过了公司晋升考核，升职为财务经理。

三、空降兵成功转正和团队管理经验

在财务经理岗位上磨砺了几年后，经商学院财务总监EMBA班中的授课老师引荐，我到了一家女装公司工作，任财务总监。作为一个空降的高管，如何在新公司顺利着陆呢？

首先，明确自己是为了做自己喜欢做的事情，还是为了做领导希望你做的事情。入职后，我很重视与领导的沟通，了解他对于财务部门的短中期期望。财务人往往会犯的一个错误就是过于坚持自己的专业性。然而，如果专业知识不能为公司的经营目标做出贡献，那么所谓的专业价值就微不足道。当然，职业道德是不可妥协的原则。

其次，切勿一上任就在新公司大范围推行在过往企业中实行的所谓的成功经验，而是在对新公司的业务进行深度调研后，有针对性地解决一些重大且容易取得成绩的问题。这不仅体现了自己的专业性和价值，也不会让员工原有的工作方式产生较大的变化，从而避免引起老员工的抵触。

最后，要做好横向和纵向的沟通。纵向沟通分为向上和向

下的沟通。向下，钟总给我做的示范，让我在新公司中成功软着陆；向上，要保持和领导沟通的频率，并达成工作推进计划的共识。横向，要多与兄弟部门的同级领导进行沟通，拉近彼此的距离，了解他们对于公司经营的理解以及对财务部门的诉求。其中至关重要的一点是，要给领导当好参谋，让彼此之间的沟通顺畅舒适。

在团队管理中，要做好任务达成、团队建设和价值观宣导这三件事情。其中最为重要的是团队建设。因为部门任务的达成，要靠团队的每一个成员共同协作。如果团队不和谐，人员不合适，任务达成的概率会非常低。所以，每一个部门管理者要做到心里有人。

钟总为人处世的方法及带领团队的思想一直影响着我。作为部门负责人，我也要把这种思想传承下去，并且通过不定期的财务主题内训、参加外部财务机构培训课程以及一对一辅导的形式，关心每一位员工的职业发展，期望每一位员工都能青出于蓝而胜于蓝。

结 语

财务人的入职门槛并不高，但是，要想在财务领域取得相对较高的职位，并保持持续的核心竞争力，需要具备长期思维，不仅要耐得住寂寞，还要坚持终身学习，并不断挑战自己。

随着自己在财务领域的不断深耕，我越发热爱这个领域，也有了更多接触企业战略目标的机会。通过持续的学习和实践，我积累了丰富的经验，特别是通过全面预算助力企业发展这方面。这让我更加期待未来能给更多企业提供财税方面的咨询工作以及团队干部的辅导工作。

回想起一段话：默默地决定，微笑看过去的自己，再深深呼吸。我走过的每步路，都是向着一个目的地前进，让我们相逢在更高处。

杨真琼

某上市公司外派财务负责人
高级会计师
高级国际财务管理师
微信名：chenchengod508

NO.02 ♠
学习力是底层的竞争力

在这个时代，不论是在变革的规模、速度还是激烈度上，都与过去形成了鲜明的对比。在这种复杂多变的情境下，作为财务管理人员，学习力成为我们底层的竞争力。

我们不仅需要不断更新专业知识，还需要培养解决问题和创新的能力。通过不断学习，我们可以更好地理解和应对市场的变化，为企业提供更有前瞻性和战略性的财务管理建议。

一、梦想起航

二十世纪七十年代初，我出生于湖南的一个偏远山村。与同龄人相比，我算是幸运的。虽是朴素而简单的农村家庭，但是我的童年充满幸福。我的父母非常重视教育，这让我从小就对知识和未来充满了向往。

二十世纪九十年代初，我曾到广东游玩了半个月。在这个过程中，我被它散发出来的人文气息和舒适的居住环境深深地吸引，并梦想有一天能扎根于此。几年后，我做了一个重要的决定，将儿子托付给爷爷奶奶，和丈夫一同前往广东佛山，谋求更好的未来。

当时，只有高中学历的我，身处这座繁华的大城市，要找到一份好工作并非易事。我的第一份工作是进入了一家制药厂，在一个粉尘飞舞的车间里当车间工人。幸运的是，我被分配到了全厂中知识水平最高的车间，车间里有三名大学生。我从他们身上学到了宝贵的经验，并得到了很多启发。其中一位同事正在考取会计职称，她的榜样力量激发了我的学习动力，我也决定去报考。不久后，我被调往车间负责成本统计工作。

药厂里的同事大多都是佛山本地人，他们务实、低调、不争不抢。只是，他们通常只说粤语。对于来自外地的我们，粤语成了一座难以逾越的高墙，阻碍了我们与本地人的沟通。于是，我开始刻苦练习粤语，也尝试大胆地开口说。三个月后，我可以用流利的粤语和本地人交流了。

我深刻地认识到，要想在这个城市扎根，提升学历是必不可少的。在家人的鼓励和支持下，我开始学习大学课程，并快速地拿到了毕业证，憧憬着有朝一日可以坐进写字楼，成为一名白领。

不久后，我迎来了职业生涯的第一个分岔路口：工厂即将倒闭，我不得不另寻出路。我有两个选择，一个是在培训学校担任招生老师，另一个是加入物业公司担任行政管理职务。最终，我选择了刚成立的物业公司。我无比珍惜这个能坐在办公室的工作机会，终于不用再进入车间吸粉尘了。

到岗后，我积极努力工作。工作了一段时间后，得益于之前在工厂有统计工作的经验，我被调至会计部门，跟随一位资深的会计师工作。慢慢地，我掌握了会计的工作要领。

　　随着时间的推移，我坚定了自己的职业方向，决定专攻财务领域。于是，我沉浸在不断考取各类资格证书的激情中，包括中级会计师、注册税务师、高级国际财务管理师（SIFM）和高级会计师等。我希望这些证书能为我的职业奠定坚实的基础，为我未来的成功铺平道路。

　　回想起当年，报读的课程需要使用电脑进行学习。没有电脑的我，只能把课程下载到MP3上听。在参加注册税务师考试时，我面临了跨城考试的挑战。第一年在广州，第二年在江门。由于我不习惯住酒店，只能当天赶往考场。凌晨五点出发，先生把我送到考场后，马上回程参加自己的考试。考试结束后，他再去接我。

　　我始终坚信，考取证书只是实现梦想的第一步，它们并不能决定我们的未来。作为一名财务人员，除了要学习专业知识以外，还要深入了解企业的组织架构、人力资源以及业务、生产流程、工艺等方面的知识，才能成为复合型人才。

二、跨越式成长

　　在职业生涯中，我们会遇到各种各样的考验和挑战，每一次考验和挑战都是一个成长的机会，它可以帮助我们发掘自身潜力、提升个人能力，并取得更大的成就。

　　2010年，我进入了一家国企。当时，企业正在申报IPO，这对于我来说是一个极好的学习机会。而且，还有一位资深的会计主管做我的导师。在合理筹划中，我们获得了超过一百万元的税收优惠。经过一段时间的努力和磨炼，我的工作得到了领导的认可。

2011年初，我被调任至一家建筑施工企业担任财务经理。从集团到三级公司，面对新的环境和挑战，我没有感到迷茫和无助，而是将这个机会看作是我个人成长的机会，并积极努力地去适应新的工作要求和团队氛围。

为了更全面地了解业务和适应新环境，我主动到工地了解施工的各个环节，做凭证、编制报表和进行财务分析。同时，我还着手建立适合该行业特点的内控体系，确保财务管理符合要求并能够有效支持公司的发展。此外，我还积极参加各类培训课程，不断提升自己的专业知识和技能。

公司的项目众多，大小不一，施工周期也有长有短。为了更好地进行项目管理，我提出引入数字化系统来实施项目全周期管理的方案。方案的设计耗时近半年时间，从合同签订，到设计、制定施工方案和施工前的物料准备，再到工期安排，施工过程中的安全和质量管控，以及竣工验收等各环节的深入了解。最后，经过与开发人员进行充分的沟通，我们成功地实现了数字化系统的全周期管理。虽然工作量巨大，也曾遇到过阻碍，但这些都只是在实现目标过程中的小插曲。

2021年，集团开发了一个共享2.0系统——纸质单据全部线上化。各模块流程标准化、附件标准化，费用报销速度比原系统加快70%。

接下来，我还参与了很多工作，其中包括ERP系统的升级，包括资金管理、资产管理、供应链管理、预算管理和财务核算全模块上线等。

正当财务部的工作全面步入正轨之际，领导突然调走了团队中的两名核心成员。为了不让财务部拖后腿，我不得不自己扛起许多工作，加班到凌晨成为常态。我努力稳定团队士气，与团队成员共同克服重重困难。最终我们的工作得到了领导和同事的认可，被集团授予先进集体奖。

随着业务的不断发展，集团又调走了三名核心成员，导致团队其他成员都选择离职或换岗。如何培养人才，成为我工作的重中之重。

刚开始，我试图通过手把手的方式来培训新成员，但这种方式不适用于团队快速扩张的情况。因此，我每周开设小课堂，进行交叉培训，鼓励团队成员相互认识，互帮互助。这种方式，不仅让财务人员主动学习，发挥每个人的积极能动性，还能让新老员工都获得成长。

为了确保工作的高效性和绩效的提升，每个季度我都会定期对自己的工作进行回顾和总结，并以学习为导向去检视工作。年底，我会与员工进行一次关于职业发展规划的面谈，了解他们的诉求，并给予相应的指导。对于团队的中坚力量，我会帮助他们明确的职业方向，确保他们能安稳踏实地工作。

此外，我对财务部的架构做了调整，由原来按公司分岗位，改为按业务分组。同时，团队成员每年都要进行内部岗位轮换，以帮助大家成为全能人才。这些措施的成果是令人欣喜的，团队成员的成长也是快速的。

此外，我还一直和团队成员分享关键的工作态度——热爱、坚韧和认真。

热爱。把每一份工作视为自己的事业去经营，付出多少爱和精力，就会有多少回报。当整个团队都朝着相同的方向努力时，公司的经营就会更上一层楼。

坚韧。身为财务人，坚持原则是基本的底线，所以在工作过程中，难免有时候会受委屈。有一次，因同事的报销费用单附件不完整，我将其退回。同事对此很生气，而我坚决不让步，最终导致我们大吵了一架。后来，我反思了自己的行为，意识到自己当时过于冲动，应该心平气和地与同事沟通，把事情说清楚，告诉他应该如何完善报销材料。因为解决问题才是最重要的。

认真。我始终以认真负责的态度对待工作，无论在什么岗位都全力以赴，认真地完成每项任务。记得当初学打字时，我用一张报纸盖着键盘练习盲打。初学Excel时，不学会就不睡觉的那个劲头，我现在还记忆犹新。

结 语

华罗庚曾说过："难"是如此，面对悬崖峭壁，一百年也看不出一条缝来，但用斧凿，能进一寸进一寸，得进一尺进一尺，不断积累，飞跃必来，突破随之。

尽管常常面临各种挑战和困难，我依然坚持不懈地努力，为财务部的稳定和发展贡献自己的力量。虽然过程中曾受伤，但我收获了领导和同事的认可与肯定。

每个人都拥有无限潜力和价值，等待着被发掘。因此我们应该持续学习、不断成长，积极面对生活中的各种挑战，勇于追求梦想。只有这样，我们才能闪耀出属于自己的独特光芒。

杨博慧

20年财务领域管理者
某投资集团公司CFO
微信名：vi19500604

NO.03 ♠
在求变中厚积薄发

　　在过去近二十年的职业生涯中，我一直在财务领域深耕。对于一个外向且充满好奇心的财务人来说，一成不变的工作内容会让我感到厌倦。所以，"求变"是我的职场座右铭，激励着我不断地探索并突破自我。

　　求变的过程，也是学习的过程。我的工作曾覆盖财务链条的各个关键环节，包括出纳、成本、总账、税务、分析和投融资等；也经历过多个行业的财务工作，包括制造业、零售业、建筑业、服务业和投行等行业；还服务过多种类型的企业，包括：外企和民企（民企中有部分公司为创业型公司）。

　　多元性的职业生涯，让我成了一个适应力强的财务专家，愿意不断挑战自我，迎接新的机遇和挑战。我期待着在未来的财务项目中运用我的经验和技能，为企业的成功作出积极的贡献。

一、在外资企业的土壤中成长

　　二十年前，在互联网刚刚起步的年代，大多数求职者仍然依赖于传统的报纸和期刊来寻找工作，我也不例外。那一年的夏天，我通过前程无忧的报刊找到了第一份工作，我职业生涯的起点——日本索尼公司。当我收到公司的录取通知时，兴奋得像拿到了大学的录取通知书一样！

当年，索尼要在广州建立DVD进出口加工厂。我入职时，工厂还在筹办期，临时办公室设在萝岗经济开发区（目前该区已撤销），距离我家有四十公里。那里既没有宿舍，也没有班车。当时的广州仅有两条老城区的地铁线，要去萝岗经济开发区，只能乘坐公交车。

从我家到办公室需要转乘两趟公交车。在不堵车的情况下，一天的通勤时间接近五个小时。我每天都要五点起床，晚上九点后才能到家。尽管这样的通勤十分辛苦，我仍然坚持了近大半年。因为我一直坚信：能够获得世界500强企业的工作经验，对我未来的职业生涯将是宝贵的加分项。不管多辛苦，我都要坚持。

事实证明，在世界500强企业工作为职场新人提供了快速成长的机会。我在外资企业工作的十多年间，不仅积累了丰富的职业技能还深入探索和研究了外资企业内部的规则制度、办事流程及其底层逻辑，学习到了不少关于公司管理的要点，为我提供了深刻的洞察和宝贵的经验。

世界500强企业已经进入了平稳发展的阶段，拥有成熟的规章制度和办事流程，员工只需要按部就班地执行各种事务。每年，海外集团总部还会对各部门关键岗位进行内部审计，并对违反内部规定的人员进行处分。此外，公司的文化深受国外风格影响，从工厂的建造用料到办公室用品几乎都是日本的品牌，甚至连马桶也是日本制造的。

因为"求变"的性格，我从安逸的外资企业转而投向了竞争激烈的民营企业。幸运的是，我并没有跳到创业型公司，而是平稳转到稍有历史且规模不小的公司。该公司的核心管理层，管理理念与企业文化与之前的公司差异也不大，这使我能够快速适应公司的管理方式。

当一家民营企业大举对外招聘管理人员时，意味着这家企业正高速发展。前端运营的需求几乎每天都在发生变化，常常出现紧急或特殊的情况，不可能像成熟的外企那样按部就班地执行。所以，企业对管理人员的要求也发生了变化，除了需要具备丰富的理论知识，管理人员还需要非常熟悉公司的业务运作，结合运营的实际需求，持续地优化各个工作环节。

刚入职的时候，我甚至还被调派到门店做了一个月的销售员，以便更好地了解业务流程，让我初次认识到企业在求发展的阶段中，业务和财务融合的重要性。

市面上有很多关于业财融合的培训课程，都值得财务人去学习和研究。然而，仅有理论知识完全不够，还要在实操中落地。真正的业财融合，需要财务人从思想上深刻地认同业务战略，熟悉业务操作的所有细节。只有这样，才能把复杂的事情简单化。要想出既能达到预期的效果，又能让业务部门操作更便捷的方法，才能保持一致的目标，携手前行；只有这样，才能达到双赢，真正把财务流程糅入业务中的每个细节中，让财务人员成为业务部门的合伙人。

优秀的财务人一定要从后台跑到前线，积极地参与到企业的每次变革中，结合业务的发展需求，在不违背准则和法条的情况下，不断更新迭代企业内部的规章和制度，做到真正的业财融合，给在前线"打仗"的队友们出谋划策，扫清障碍！

二、在创业公司的敲打中蜕变

2017年，我又迈出了一大步，加入了竞争更为激烈的创业型公司，首次担任部门负责人的职务。公司的领导和高管团队都来自成熟的上市公司，他们带来了成熟和先进的管理理念，而且非常相似和统一。他们大多数都经历过公司从创业到成功上市的过程，在工作中总结的不仅仅是成功的方法，更多是掌握了如何"避坑"的方法。

在这家创业型公司工作的经历，不仅让我的个人能力得到快速成长，更重要的是让我清楚业务和财务的融合不应仅仅停留在理论层面，更要在实践中找到更多的落地的操作办法。这段经历虽然收获满满，但也成为我职业生涯中最刻苦的时期，各种经历至今依然历历在目。

刚入职时，公司正值为第二年布局战略的重要时期。领导要求所有部门负责人汇报自己部门第二年的战略规划。我一直认为自己是一个非常专业的财务人，因此，在高管的战略会议上，我的汇报方向是关于如何把财务板块的专业做到最极致。然而，我却被领导当众严厉批评，且要求我在一周内重新汇报部门战略。

在我的职业生涯中，第一次当众受到严厉批评，我强忍着几乎要掉下来的泪水，努力平复情绪。随后，我迅速记录下领导提出的所有要求，并仔细记录了业务部门在会议上汇报的战略要点。经过连续几个晚上的加班，我终于如期完成了财务部的战略汇报。

现在回顾起来，战略会议不是各部门独立的事情，而是需要相互配合，结合预算工作，围绕业务发展作出资源最优的决策。所以，财务部的战略和业务的战略也需要紧密关联起来。创业阶段的企业要的不仅仅是专业，更需要关注如何通过财务的手段来提升业务能力，因为这是实现公司成功的关键之一。

如果我们只是把财务部门定义为一个传统的记账后台部门，就把它局限为一个成本中心。如果财务人只是机械地把准则和法条作为日常工作的唯一依据，就会变成一个AI可替代的人员，甚至还会对企业的发展构成障碍。在这种情况下，财务人既得不到认同，也无法展现出财务专业的价值。

任何成功的转型都需要长期的磨炼。记得第一次在全体员工大会上做季度工作汇报时，我的PPT上写满了文字。汇报时，我只能看着PPT上面的文字来读。结果，我又一次被当众批评：汇报人要避免背向观众。因为已经不是第一次被当众批评，我对情绪控制有了一些经验，当时只是稍微红了一下脸，但我下定决心要从优化PPT开始着手提高汇报能力。

财务部汇报工作时，最大的挑战是如何把财务的专业术语让全体员工听得懂，并且引发他们的兴趣。公司每个季度都会让部门负责人面向全体员工进行工作汇报，我因此得到了很多上台演讲的机会。经过几年的磨炼后，我的演讲能力得到了质的提升，从最初的紧张和被动，到现在变得轻松和主动；从一个典型的内向的财务专业人，成为外向的财务管理人。

要做好演讲，就必须具备换位思考的能力。传统的财务人常常不被理解，甚至被误解，导致不能很好地开展工作，主要原因是在沟通上出了问题，无法让人理解自己的观点。现在，PPT对于我来说，仅仅是演讲思路的梳理和演示工具。只要手中有数据，心中有业务，汇报的内容随时可以脱口而出。只要干货满满，台下的员工怎么会不感兴趣呢？员工们也从原来的毫无感觉，到现在的兴致勃勃，甚至与我互动，让我也得以及时抓住业务部门的想法，从而不断调整工作的策略和方法。

所以，财务人员不能仅仅具备专业能力，同时，还需要具备良好的沟通和表达能力。只有这样，才能够实现自身的职业发展，并使未来的职业生涯更加顺畅。因为再好的想法也需要得到团队的理解和支持才能够落地实现。

结　语

每一份工作经历，都让我在接下来的工作中厚积薄发，也让我深刻领悟到财务人的价值所在。前十年，我通过不断的轮岗，积累了书本上没有的、丰富的财务实操经验，也领悟出理论和实际结合的关键点。在接下来的工作中，我会一直在企业中不断地思考和创新，突破传统的财务思维，让财务部门不仅仅是业务的支持部门，更能充当业务部门的合伙人。

"求变"一直是我职业生涯中的基调。因为，无论是哪一种企业类型，其生存环境一直都在变化。任何求发展的企业都需要随着国家的发展、行业的变化、客户的需求不断地去调整经营策略。只有在"变"中学，企业才能健康持续的发展，我们才能在这个平台上实现稳定。

李志华

榄菊集团前财务总监
公正财税集团副所长
中国注册会计师
中国注册税务师
心理咨询师
微信名：mao2573790

NO.04 ♠
给女儿的人生参考书

在这个世界上，有的人活得轻松愉快，而有的人则背负着沉重的负担。这并非源于他们出生时的条件，而是取决于每个人在面对困境时的心态。曾经的困难和挫折，构成了我们今天的一部分，塑造了我们的性格和智慧，并帮助我们更好地理解自己，以迎接未来的挑战。

一、学会接纳不完美的自己

孩提时的记忆已逐渐模糊，唯独我的支气管型哮喘病却始终让我铭记心头，因为它跟随了我十多年，是我噩梦的源头。

在一、二年级时，我在课堂上频繁咳嗽，甚至有时干扰到了老师的授课。有时候，老师会误以为我是故意为之，因此将我安排坐在教室的最后一排。严重的时候，我甚至会被"请"出教室。久而久之，我就被贴上了顽皮孩子的标签。后来，我开始享受这种"待遇"，偶尔还会故意捣乱，以便有机会站到教室外呼吸清新空气，而不至于影响其他同学的学习。

也许你会觉得我这样做很愚蠢，因为不想影响别人而耽误了自己的学习。其实不然。由于看不到黑板，我在教室门口闭上眼睛听课，反而让我变得更加专注和投入。以致后来在备考注册会计师的过程中，我可以在麦当劳、肯德基和超市等公共场所，或者在等待客户时，随时能进入高效学习的状态，或闭上眼睛思考问题。正如端游《地下城与勇士》的经典台词——"用耳去听，用心去斩，刀斩肉身，心斩灵魂。"

经过五年的治疗，我的哮喘病依然不见好转，这让父母最终作出了停止治疗的决定。再加上刚强的性格，四年级时，我与父母之间几乎没有再交流过一句话。与其他还在父母面前索要玩具或零钱的同学不一样，我学会在网吧里过夜，或借口在同学家辅导作业太晚留宿，以尽量减少回家的次数。

我的数学老师对我的遭遇深表同情，他常常鼓励我："我们不能要求所有人都喜欢自己，我们能做的，就是让自己变得越来越好。"于是，我决定要自立自强，开始帮别人补习赚取一些生活费。对于病情，我发现，只要保持缓慢的呼吸，维持最低限度的肺活量，就不容易引起咳嗽，降低哮喘发作的可能性。慢慢地，我的病情竟然得以缓解。

虽然我不常回家，但我的哥哥对我的成长也产生了很大的影响。他非常聪明，而且热爱学习，从小就喜欢探索各种事物，尤其喜欢研究电脑。有一次，我看他用磁盘在电脑上安装Windows 3.2操作系统，我竟然一下就学会了。这激发了我对电脑技术的兴趣，我常常坐在哥哥旁边看他操作。后来，这项技能帮我提升了不少工作效率。

福兮，祸之所伏；祸兮，福之所倚。当逐渐接纳了不完美的自己以后，我变得更豁然和自由，并且在这个过程中习得的技能，为我日后的成功奠定了坚实的基础。曾经的困境，终究成为我成长之路上宝贵的财富。

二、人生是无数次抉择的过程

也许是天赋使然，小学五年级之前，我在每一门科目的考试中都能够轻松获得满分。然而，六年级后，学习成绩却逐渐出现下滑，我似乎陷入了一个衰退期。尽管初中时我还是在重点班，但是常常位列班级最末。每当要从班级中筛选最后一名学生从重点班转入普通班时，我总能仅仅超过最后一名，逃过这一命运。

直到认识张同学，我才认清天赋与努力的关系。物理学求位移的公式中，很好地解析了初速度、加速度和时间与位移的关系。

位移=初速度×时间+0.5×加速度×时间²

同样的，这个公式可以解释努力程度、天赋和时间与一个人学习成果的关系。初速度是努力的程度，天赋是加速度。比如，第一次学习会计时，大家的初速度都是0；但是，在第二次学习时，大家的初速度就会有所不同；第三次学习时，初速度的区别就会更大。随着时间的推移和学习的积累，我们的知识水平会达到一个新的高度。所以，个体努力的程度决定了初速度的高低。

张同学是我的小学同学，一直在重点班。早在四年级时，他已经提前学完了初中所有化学课程，因此，中学时，他的化学成绩一直保持满分，还当上了科代表；高中时，他凭借优秀的化学成绩，成功获得了重本大学的保送资格。也许张同学有一定的天赋，但是，真正让他赢在起跑线上的，是他的努力程度。

他的经历让我不再因为自己缺少天赋而感到沮丧，反而鼓舞了我，让我逐渐明白，只要付出比别人更多的努力，就能够在学业上获得进步。到了高中以后，我的成绩有了明显的提升。在分班时，我也选择了化学专业。

原以为高考可以达到一本线，让人意想不到的是，由于某种未知原因，我的高考答卷检测不到答案。老师也不敢相信，帮我申请了复查。很遗憾的是，最终也只能为我补回主观题的分数。因为已经到了本科线，我就放弃了复读，并选择了国际会计学专业。

虽然没能进入更优秀的大学，但我决定用努力来弥补这一遗憾。我开始查找与财务行业相关的资格证书和考试条件，最终将注册会计师作为目标。大学前三年的寒暑假，我几乎全部的时间都在图书馆里度过，或者申请当老师的助教，学习高级会计师、用友和金碟软件等相关课程。同时，我还自修了心理学。

然而，考证的过程也经历了一波三折。尽管我在大学四年中一直处于备考状态，但是，六门考试中，我只通过了一门，另外五门的成绩距离及格线相差不到五分。其实这也不无原因，因为每次模拟考试进行到第五科时，我都会出现严重的头痛。后来才发现原来是鼻炎引起的问题，手术后得以恢复，并顺利获得了注册会计师证和注册税务师证（现已更名为税务师）。

生活中，我们经常会面临许多重要的抉择，而且无法提前知道每一次抉择的结果。但是，当明确了自己的目标，我们就能更好地引导自己的决策，避免在选择的十字路口迷失方向，最终朝着理想前进。正如作家安东尼·罗宾所说："目标是前进的灯塔，它照亮了通往未来的道路。"

三、眼界与格局是职场发展的关键

因为从小身体比较孱弱的原因，曾经有一段时间，我认为自己可能只能活到五十岁。因为深知生命的短暂，每一份工作，我都会全力以赴，不断寻求提升，希望自己能够在有限的时间内取得尽可能多的成就。

加入公司的第一年，我就深入了解企业和团队。在这个过程中，我多次申请调整岗位，通过接触不同的工作，以更好地了解企业的整体运作。第二年，我便能独立带领团队。很快，我就成为公司最年轻的管理层，并且每半年都有机会获得薪资的提升。

我曾带过两位新员工——张三和李四。面对同样的工作，他们表现出截然不同的态度和价值观。

张三在完成工作以后常常抱怨说："就知道欺负老实人，也不给我大项目，这些小事对我以后的成长一点用都没有。"他似乎总是觉得自己受到了不公平的待遇。

李四每次接到任务以后，都会非常认真对待，从来没有怨言。不仅如此，办公室里的脏活累活他都抢着做。更重要的是，他还总是把感谢挂在嘴边，感激领导给予的锻炼机会，感激同事的支持和照顾。久而久之，他不仅出色地完成工作，还与领导和同事建立了非常不错的关系。

两年后，李四从一名专员晋升为经理，而张三则停滞不前。

张三在两年时间里只积累了相当于三个月的工作经验，而且还继续抱怨，怀疑李四得以迅速晋升是因为有背景。他似乎没有认识到自身的问题，也没有明白成功的关键在于眼界和格局。

正如当代作家莫言曾说过的一句话，你从80楼往下看，全是风景；但你从2楼往下看，全是垃圾。人若没有高度，看到的全是问题；人若没有格局，看到的全是鸡毛蒜皮。

在职场中，还要懂得"得饶人处且饶人"，不要把对方逼到绝路。这意味着，在处理矛盾和纠纷时，我们要谨慎言行才能明哲保身。俗语说："做人留一线，日后好相见。"

回顾我在某家企业的经历，我接到管理层的指示，需要与一位财务BP解除劳动合同。当时，我没有选择与他发生冲突或争吵，而是以成熟和理性的态度处理了这一情况，确保双方能够保持体面。后来，在我创业时，我回想起这位财务BP拥有的专业知识和经验正是我所需要的。于是，我主动重新联系了他，并愉快地达成了合作。

所以，眼界和格局是职场发展的关键因素，因为它们能够帮助个人更好地适应变化、获取知识和见解、建立人际关系，制订长期计划，保持道德原则，以及在职业生涯中取得成功。

结　语

多年来，我一直处于高强度的工作状态，却忽略了身体健康，甚至导致了鼻炎的复发。女儿的到来，让我重新审视世界，我开始寻求工作与家庭之间的平衡，而不仅仅是职业上的成功。

我想借此出版合著的机会，将自己的经历和领悟写成一篇文章，希望能成为女儿未来人生的参考书。即使我们不完美，但是，只要付出足够的努力，在成长中拓宽眼界和格局，就将会走向一个更加有意义的人生。

　　未来，我将创立一个家族办公室，专门为企业经营者提供专业的服务。我相信，这不仅是我个人价值观的延续，也是在帮助他人取得成功。

第四章

表 达 力

一种不懈的表达力，是达成目标的强大工具。

——亚伯拉罕·林肯

五 顿

演讲教练

《演讲的逻辑》作者

"长江读书节"领读者代言人

微信名：wudun0209

NO.01 ▲

用言值去扩展亿万人的语言边界

如果你问我：靠演讲能实现职场跃迁，打开更广阔的天地吗？

我的答案是肯定的。

作为成年人演讲和青少年表达的专业演讲教练，在过去的十年中，我通过演讲成了《我是讲书人》节目的评委和总教练，出版了《演讲的逻辑》，还成了CCTV《世界听我说》节目的演讲撰稿人，更是通过演讲找到了自己更大的舞台。

一、语言的边界，就是世界的边界

作为一名影视技术专业的学生，我常常跑去横店影视城观摩学习。也许是上天的眷顾，我参与过十几部影视剧的录制，获得了几次跑龙套的角色，并且得到了老师的夸奖。于是，学校组织了一场分享会，邀请我给同学们分享拍戏的实践经验。

从小就很内向又有点自卑的我，根本不敢在人群中发言。面对如此大的场面，我的内心既期待又恐惧。我开始认真写稿，逐字逐句背得滚瓜烂熟。准备了半个月后，我走上了三百人的舞台。望着大家的眼睛，我的大脑突然一片空白，说不出话，台下的同学们议论纷纷。很快，大家纷纷起身离开，整个会场只剩下六个人。这六个人是我的室友，因为约好了分享完之后一起去吃庆功宴。

我慢慢意识到，如果不改变，我这一辈子都不会有出息。为了寻求突破，我在家人的支持下访遍名师，几乎参加了全国所有有名的演讲老师的课程。我在平时会刻意模仿电影里的经典台词，还去参加了各种辩论赛。2016年，我参加了北京卫视的《我是演说家》节目，在海选阶段全票晋级，后来还成了节目组的嘉宾和辅导老师。

然而，在2017年的讲书人大赛上，我栽了一个大跟头。因为演讲技巧纯熟，我每轮比赛几乎都以第一名晋级，但随之而来的是对我铺天盖地的质疑："这个人没什么内涵，就靠讲段子，哄得听众捧腹大笑。"我很气愤，但内心也很慌张。因为其他选手能讲苏东坡、《富兰克林传》、《心若菩提》或是《人类简史》，而我看过的书，不是四六级考研，就是如何升职、加薪、挣钱。

当时有句话点醒了我：你语言的边界，就是你世界的边界。他们讲的内容我为什么讲不出来？因为我讲的是我熟悉的内容，我的世界就那么大。这时我才突然意识到：我的演讲真的是在穷尽一切技巧勾住听众的注意力，但这背后缺少学问，是真的没有内容，没有文化。

为了让自己说出的话更有内容，我开启了主题阅读。比如，我读了十几本城市历史门类的书，一年时间组织了四十多场读书会。

2018年，我成了省图书馆金牌讲书人、省文旅活动代言人，更有机会和陈铭老师打辩论赛。成了有技巧又有内容的讲书人之后，我的影响力一下子绽放了。

辞职成为自由职业者后，我收到来自各方的橄榄枝，兼任了五家公司的培训总监、招商主讲和自媒体负责人。

二、用语言赋能，拥有更大的世界

职场跃迁给我带来高额经济回馈的同时，我的表达也被更多人看见。但我的遗憾依然在——那个我没能获得的讲书人大赛全国总决赛冠军。为了圆梦，我前往北京，期待能够再进一步精进自己。

在北京，我遇到了业内行家的邀请，希望我前往北京成为口语表达教学项目的负责人。两个月后，我作出决定，推掉所有工作，成为一名"北漂"。因为，我发现自己不仅热爱演讲，而且坚信言值的提升能够创造价值，能切实地帮助学员解决问题。

邀请我的老师们的项目满足了我所有的想象，不仅成员的演讲技术非常过硬，而且有非常强的资源。他们辅导的对象，要么是明星名人、奥运冠军、诺奖得主，要么是行业翘楚。我看到了一个更宽广的世界。带着美好的憧憬，我前往北京。

2019年8月底，演讲内测课试讲结束，反响超级好，还获得了樊登老师的推荐。项目拔地而起，迅速在全国的三十多座城市遍地开花。我们培养了近百位演讲教练，一起深耕成年人的演讲辅导，很快帮助上万名学员提升了表达能力，也针对青少年口才开发了适配的课程。

在老师的推荐下，我又作为CCTV《世界听我说》节目的演讲撰稿人，开始辅导科学家、哈佛教授、著名翻译家、格莱美奖提名获得者、名人后裔进行公众讲话和电视演讲。同时我也帮助了众多创业者、职场高管提升表达效率，在汇报、会销、提案、路演等关键场合下拿到成果，成为他们身边的演讲顾问。

再后来，我从讲书人大赛的金牌选手，成长为比赛的评委和总教练。同时我成为省图书馆的金牌讲书人、读书活动策划人，为省市级图书馆活动建言献策。我还多次作为省级大型文化活动的发言嘉宾，受到各媒体报道，最高峰的一次直播演讲，五分钟的讲话吸引了线上七十万人同时观看。

感谢自己对演讲的坚持和热爱，这一次选择，让我拥有了更好的世界。

三、学好公众表达，扩展职场人的语言边界

只要是有目的的社交沟通，都属于公众表达。比如：在会议中阐述自己的方案和想法、面对新客户做一次产品介绍、在新团队中做自我介绍、参与一次小组讨论，甚至是跟领导谈加薪。在这些场景中，我们都希望能通过有效的语言打动听众。

不管是哪个场景，各有各的动人之处，但背后也有一些共通的、可以被复制和运用的规律。下面我分享三个核心要点：从听众出发、为目标服务和礼物心态。

1. 从听众出发

从听众出发，就是要明确讲给谁听。不同的场景，面对不

同的人，所使用的语言和表达的语气，都会有所不同。就算是有经验的演讲者，在准备公众表达前，这都是需要首先明确的问题。这也是我在进行所有演讲辅导时，问的第一个问题。

了解听众有以下四个作用：

一是梳理目标。你希望他们听完以后，可能采取什么样的行动，或者做出什么样的决定。

二是设计好的开头。了解听众以后，你可以增强表达时的对象感，确保开头与听众相关，并且能够引起他们的兴趣，建立良好的第一印象。

三是筛选内容。如果你精心准备了很多内容，演讲的效果却不够好，问题往往不是出在信息不够，而是信息太多。你需要确保自己讲的内容，对听众（而不是对自己）是有价值、有新意的。这就需要从听众的立场和兴趣出发，对内容进行筛选。

四是结合听众的认知水平，采用合理的语言，确保听众都能听得懂。如果听众都是财务人，就可以用一些专业词汇，如果听众对财务并不熟悉，就尽量避免使用专业词汇。

2. 为目标服务

从目标出发，厘清自己到底想表达什么，想要达到什么目标，这也是对自己的付出负责任。如果你的一段表达并没有任何社交目的，仅仅是抒发自己的情感，比如吟诵一首诗歌，或者和家人朋友一起闲聊，就不需要明确目标。

比如，我们要参加一次面试，需要做一个自我介绍，就要想想自我介绍的目的是什么。你的目的是希望面试官对自己产生好感和信任，还是希望对你表示赞赏进而录取你？

在准备时，我们常常准备了特别多内容：曾经获得的各种奖项荣誉、个性特点、兴趣爱好、对于对方的仰慕、曾经和某些导师有过的一面之缘等等。事实上，我们需要从面试官的角色出发，选择与他们有关联的或他们感兴趣的内容；同时，时刻把目标悬在头顶上，提醒自己的内容要为目标服务。

彼得·迈尔斯在《高效演讲》这本书中，将演讲的目标分为三个不同的层次。最高层次的目标是，听众采取什么行动；第二个层次的目标是，听众作出什么决定；最基础的第一层目标是，听众有什么感受，获得什么新的观点，或者得到什么样的启发。

如果在做一次产品介绍，你的目标是把公司的产品讲清楚，这就错了。只有以听众作为主语的名字才能叫目标。比如乔布斯在开产品发布会时，一定不只是为了把产品讲清楚的，而是为了讲清楚听众可以通过这个产品解决什么问题，从而促成听众去购买产品。

目标思维是一种思维方式，属于一种"元认知"。处于社会生活中的人，在进行绝大多数社会交往和互动时，目标思维和目标导向，都是提高行为效能的基本思维方式。表达，自然也是如此。

3. 礼物心态

只要是公众表达，很多都会表现出紧张的情绪。缓解紧张的其中一个重要的方法就是"礼物心态"。

试想一下，在一场大型的、重要的、热闹的、有颁奖的、有致辞的、载歌载舞的年会现场，所有上台的人里，谁最不紧张呢？据我观察，最不紧张的往往是两类人，一类是颁奖的人，一类是负责端奖品的礼仪小姐。因为他们的心态特别轻松："我就是个送礼的！"

中国有句俗话说：伸手不打笑脸人，开口不骂送礼人。很多时候我们的紧张，都源自担心自己的表现不够完美，别人会不喜欢。事实上，哪有完美的呈现呢？所以，不必对自己有一个很完美的期待。因为，完美是不可能发生的。你希望自己呈现出来的，是像在电影里面看到的衣着得体、口若悬河、滔滔不绝的样子，对不起，这是电影看多了。

一个人要由内而外的散发出魅力，最重要的是你讲的内容而不是外在的呈现。如果你一直有一个追求完美的心态，就一定会紧张，并且会越来越紧张，甚至还会有失落。但是，如果你是给别人送礼物，很少会期待自己是完美的，因为你知道你手上拿着的这份礼物对别人是有价值的。

我常常需要上台讲课。上课前，我也会有些紧张。但是我知道，无论我站在哪里，讲话时是不是有口音，发型够不够帅，衣服干不干净，我今天讲的内容，对你一定有帮助。因为这是我过去近二十年帮助别人做演讲所累积的经验的总结，全都是干货。

甚至不管我用哪种方式告诉你，哪怕条理不是很清晰，哪怕有时候会有遗漏，哪怕有时候会扯得比较远，无论如何，我知道这些内容都是一份有价值的礼物。因为心中对这一点的笃定，我讲话时就会变得更从容、更自然，就能根据现场的情况去调整和应对。

所以你可以想象一下给孩子、父母或者朋友送礼物的时候，你会在意自己穿什么衣服、发型帅不帅、是不是有口音，甚至要求自己要有标准的站姿和笑容吗？不会。因为你更在意的是礼物本身和对方的感受。

礼物心态不光是应对紧张的方法，也是准备内容时的基本准则。你需要反复问自己：我今天要送给听众的礼物是什么？我能够为我的听众做什么？这个内容对听众真有用吗？当你的关注点在这里的时候，不仅紧张的情况会好很多，而且内容也会准备得更好。

结　语

曾经，我以为内向是我的巨大阻碍，后来发现内向是我的巨大财富；

曾经，我以为好口才是口若悬河，巧舌如簧，后来发现讲话的背后是学问，学问的背后是态度；

曾经，我以为演讲只是站在台上去表达你的想法，后来发现演讲是有目的的社交沟通，是达成目标、拿到结果，甚至帮助更多人赢得事业版图。

现在，我决定开启新的征程，去扩展亿万人的语言边界。

李春梅

大型集团企业财务总监
大型集团企业培训讲师
享象读书会联合举办人
微信名：m25143608

每一次表达都是一场独特的演出

李白说："人心若波澜，世路有屈曲。"

在迈向成熟的旅途上，人生的种种痛苦总是相伴而至。但是，无论生活充满多少挫折和痛楚，终究有一天，我们会看清这个世界的真相。在开启认知驱动之后，我们重新审视自己的未来，那些曾经的不幸，终将如感冒一般，在体内盘桓多日后悄然离去。

一、与自己和解

十五岁的一个早上，我正在教室内专心上课，班主任张老师一脸沉重地把我叫出教室，说："你爸爸昨晚意外离世了，有位叔叔来带你去他的单位。"她拍了拍我的肩膀，"孩子呀，你一定要坚强！"当时的我双腿一软，跌坐在地上，心如刀割，痛哭不已，瞬间感觉整个世界变得昏暗。我甚至不知道自己是如何走到爸爸冰冷的遗体前。

我哭喊着质问他："你为什么要抛下我、妈妈和弟弟？为什么昨天还在家欢声笑语，今天就静悄悄地离开了我们？以后谁来宠爱你的小公主？我们还有很多话没有讲……"

然而，无论我怎么哭喊，我再也无法唤醒心中最爱的爸爸，再也没有人会看过我的作文并帮我修改，再也没有人为我买漂亮的公主裙和小白鞋……

那是我生命中第一次懂得无法左右命运带来的痛苦，感受到绝望与无助。在那一瞬间，我知道自己必须要长大了；那一瞬间，我也无比渴望长大。

无意中，我在一本书中读到了一段话：

请赐予我平静，去接受我无法改变的；赐予我勇气，去改变我能改变的；请赐予我智慧，分辨这两者的区别。

我不再像以前那样纠结于原生家庭的不完美，而是怀着敬意和尊重放下执念。释然后的轻松，让我更确切地明白，无论我多么不情愿，我只能接受那些我无法改变，或者很难改变的事实。

当踏上"与自己和解"的旅程后，我开始转移目标，去寻找我可以改变的未来，并迈步向前。

二、向有光的方向追逐

二十五年前，我还是一个年轻的姑娘，是一个来自四川贫穷山区、没有涉足过外界、朴素的乡村女孩。也许是命运的眷顾，失去了父爱的我，却遇到了几位"人生导师"。他们让我蜕变，成为一个满怀幸福的年轻女性。

为我打开女性形象之门的人，是我的姑姑。她对我说："你是一个农村姑娘，没有特别优越的先天性条件，没有很漂亮的外表，但是你应该拥有女性所应该具备的优雅和端庄。走路要抬头挺胸，目光向前，保持自信，向有光的方向追逐。"

当时的我极度缺乏自信，在人群中是一个不起眼的灰姑娘。她的话在我心中烙下了深深的印记。从那以后，我无时无刻不在提醒自己要注意个人形象，要努力成为一个积极、阳光、热爱生活并拥有智慧的女孩。

英国作家托马斯·哈代说："人生里有价值的事，并不是人生的美丽，却是人生的酸苦。"

1999年，我乘坐绿皮火车来到广州这座大都市，眼前繁华的景象深深地吸引了我。在那一刻，我坚定了信念：虽然在这里举目无亲，但这是我改变命运的契机。我要靠自己的努力在广州站稳脚跟，为自己创造一个小小的天地。

高中毕业的我，只能从最基层做起，一步一个脚印地踏实前行，同时不断学习、努力进修。我的第二份工作是进入了一间工厂任办公室文员。工厂的领导，对我的人生也产生了深刻的影响。他给我提供各种学习机会，包括全厂筹建期间的人员招聘、投产后的材料采购等等。

在这个过程中，我积累了人力资源管理经验，学会了与供应商议价和沟通的技巧，还学会了一口流利的粤语。我心中暗喜：消除了语言上的障碍，我在广州站稳脚跟的机会又多了几分。那时的我，既没有值得夸耀的才能，也没有什么特殊的技能。但是，不管什么事情我都积极面对，全力以赴对待每一件事。

对我影响最大的是，在我来到广州的半年后遇见了陪伴我一路走来的先生。他的年龄稍长我一些，他博学多才，我孤陋寡闻；他高大威猛，我娇小柔弱。自卑的我曾问他为什么会选择我。他说："因为你的生活状态太糟糕了，挺可怜的。"他给了我安全感、坚强的守护和前行的力量。

我们相遇时，他已经经历了一次创业失败——年轻气盛的他怀揣自己工作攒下的两万元及向哥哥借来的两万元，北上武汉与人创办光学眼镜厂。由于缺乏管理经验及遇人不淑，最终血本无归。他给了我力量，我要赋予他希望。我开始重新审视自己的职业生涯，希望能给予他事业上的帮助。于是，我选择了从财务入手，开始考会计上岗技能证，同时报读了在职大专和本科课程，进修财务管理知识。如今，我已是大型企业的财务总监，并成为暨南大学在职研究生。

先生说："财富要靠自己创造及管理，不会管理和积累自己财富的人，赚钱能力再强也不会成为富人。"他的这句话时刻提醒着我，要用专业知识，过上自己想要的生活。

在他的陪伴下，我不再觉得自己弱小了，因为有他把我托在手心。我默默地为他提供背后的支持，让他走得更远。在共同的扶持下，我们经历了2008年金融风暴破产后，然后从零资产开始重建。如今，我们的生活发生了很大的变化，积累了来之不易的财富，也迎来了憧憬已久的生活。

我踩过坑，也碰过壁，最终达到了"他强任他强，轻风拂山岗"的境界。正如巴菲特所言："人不是天生就具有这种才能的，即始终能知道一切。但是那些努力工作的人有这样的才能。他们寻找和精选世界上被错误定价的赌注。"

三、化解职场困境的表达力

财务管理者究竟需要什么资质呢？

首先，要有必要的"知识"，也就是扎实的专业技能；其次，还要具备"见识"，将知识升华到"必须这样做""我想成为这样"等坚定信念的高度。

然而，更为重要的是要学会表达，这是很多财务人的痛处。曾听一位财务人说："如果表达能力可以像咖啡一样售卖，我愿意付出比任何东西都更高的价格来购买。"

如今，财务管理者承受着前所未有的压力。上级领导要求自己执行到位，下级员工希望自己指挥得当，同级别的同事又希望自己多配合，以至于很多财务管理者都处于"忙、乱、累、烦"的状态中。如果我们不会表达，只会给自己平添更多麻烦，甚至影响自己的职业发展。

我也曾吃过这个亏。那还是多年前，我刚刚加入某公司，花了整整一个月的时间来梳理财务历史遗留问题。如同一名侦探，追溯、查找和分析，解决一个又一个问题。这不仅让我身心俱疲，并且焦虑烦躁。

有一天，领导把我叫到办公室，询问我的工作进度。一直压在心中的情绪让我觉得领导在质疑我的能力，同时让我感觉所有的问题都是我造成的，自己的辛勤付出得不到理解，还被视为理所当然。我很委屈，脱口而出说："你觉得某某很厉害，请叫他回来解决这些历史遗留问题吧！"然后我摔门而出。

冷静了几个小时后，我意识到自己的表达太不理智了，带着严重的敌对情绪，不但没有让领导看到自己的辛苦付出，还给他留下了不会表达的印象。于是，我敲开了他的办公室大门，以坦诚而谦逊的态度表达了我的歉意，并郑重表示将采取一系列措施，加快工作进度。我积极而成熟的表达，不仅赢得了领导的谅解，还得到了他的支持，为未来的工作注入了更多的信任。

一个人在事业上取得成功，80%取决于与人相处的能力，20%来自自己心灵。如果一个人具备了非凡的处世能力，就能够积累广泛的人脉资源，做事就会游刃有余，人生也会风生水起。

四、提升管理能力的表达技巧

生活是一场旅行，工作是一场修行。没有人天生就是优秀的管理者，大家都需要在职场中不断修炼，最终成为能够引领追随者的领导者。

正如杰克·韦尔奇所言："在你成为管理者之前，成功的标准是如何让自己成长。在你成为管理者之后，成功的标准是如何让别人成长。"

在参加了华赋天诚举办的"财务人公众表达与演讲力提升"的课程后，我意识到，正确的表达方式能够使沟通更顺畅，同时也能更好地解决问题。下面给大家分享几个重要的技巧。

1. 宣布技巧

如果要宣布一个决策，应该怎么做呢？直接宣布决策，然后解释为什么要这样做？还是先讲原因，再宣布决策？

如果直接宣布决策，团队成员就会开始猜测背后的原因。当我们的解释不符合他们的猜测时，就会把解释当作"让他们去执行的借口"。

所以，应该先讲原因再宣布决策。这样不仅能激发大家的思考，还可能讨论出其他策略。最后，我们再拿出自己深思熟虑过的方案，就显得恰如其分了。

2. 陈述观点尽量控制在超过三十字内

在陈述复杂的观点时，很多人往往倾向于使用更复杂的观点去阐述，因为担心说得不够详细，他人可能无法理解。事实上，误会并不是因为解释的不够清楚，而是因为解释过于详尽，反而造成了冗余。此外，即使你在讲解，也不代表别人在聆听。

所以，词能达意，便足矣。

3. 善用小故事

善于沟通的人通常擅长讲故事。好故事的能量是非常强大的，它能触动我们的情感。讲好一个故事需要注意以下三点：

首先，尽量真实。即便是对未来的愿景故事，也要找出未来与现实之间的关联，然后告诉大家如何才能实现。

其次，多使用"你"。在讲故事的时候，要心存听众，多用"你"和"你们"，才能让对方觉得故事与他们息息相关。

最后，少用理性表述。在大脑分布里，情感和决策是相互关联的，这就是为什么演讲大师都谈情怀，因为情感脑影响人的决策。

所以，作为财务管理者，我们不能只是干巴巴地谈论数字。我们需要融入故事，以引发情感共鸣，并激发员工的共鸣和行动。

4. 主动征得同意

这是一个非常简单，且十分有效的沟通技巧：沟通时，主动征求对方的同意，这样可以使对方跟随自己的想法。比如："我可以中途打断你吗？"或者，"我可以给你一些反馈/建议吗？"

简单的几句话，就能传递你对他们的尊重，同时还赋予了一种控制感。当一个领导在征求员工的同意时，通常会得到更积极的响应，也更容易促使员工敞开心扉。

结　语

在人生的舞台上，我们要学会用语言和行动充分表达内心的情感，与自己建立深刻的共鸣，并与他人建立和谐的关系。这是一场不断演变的旅程，是一个追求真实和内在平衡的过程。在这个巨大的剧院中，我们是主角，每一次表达都是一场独特的演出。

在这个纷繁复杂的社交网络中，理解并尊重他人的观点、感受和经历，是建立深厚人际关系的关键；在共同奋斗的过程中，我们能够创造出充满理解和支持的人际环境，为彼此的成长添砖加瓦。

这也是我们可以重新出发的底气。

陈小华

某大型医药连锁股份公司CFO
广州有声有色演说俱乐部创始人
国家认证高级演讲培训师
微信名：Sally6281

谁说财务人不会表达

一直以来，因为财务人了解公司众多机密，"守口如瓶"是企业管理者对财务人最基本的要求。也许正是因为这个职业特性，导致大多数财务人都不善于公众表达，更别说演讲了。当然，我也不例外。

然而，难道财务人天生就缺乏公众表达能力、天生就不具备演讲的天赋吗？我不信！经过多年的学习和实践，我终于克服了这个障碍，成为财务界的演讲培训师，演讲界的财务会计师。2021年，我还创建了一家演讲俱乐部。

学会公众表达与演讲，让我的沟通变得更加顺畅自如，不仅提升我的了工作效率，同时也极大地助力了我的职场发展，提升了我的职场竞争力。

一、因为不善表达，职场受挫

刚踏入职场时，每逢开会，我总会早早到达会场，为的是能坐到后排的位置，试图躲开领导的视线。每当领导要提问时，我总是默默地低下头，内心焦虑地祈祷："千万不要叫我！"

因为表达没有逻辑，说话没有重点，同事们也常常对我笑而不语。甚至在家里，我先生也经常不耐烦地说："你究竟想说什么？"看到他生气的样子，我心里还不高兴的嘀咕：你到底对我有什么意见？你是不是不爱我了？就连儿子也会经常抱怨："妈妈，我听不明白你在说什么。"

这些尴尬的场景时有发生。然而，我依然像温水里的青蛙，虽然知道自己的自信和表达能力不足，还有"社交恐惧"，却一直没有付诸改变。直到发生了一件事，深深地刺痛了我。

那是在2016年5月23日的下午，一家风投公司派人来进行尽职调查。集团的财务总监——我的直属领导李总，对我说："小华，风投公司来了解公司最近三年的财务状况，你来接待一下吧。"我心想：这还不简单吗？我每天都看着这些数据，各种指标我都了然于胸。

当我满怀信心地推开李总办公室的大门时，看见李总对面坐着一群人。他们西装革履，脸上是严肃的表情，感觉不像一般的调查人员。紧张的情绪开始在我心头蔓延。当对方问道："你们这三年的收入每年都在增长，可是为什么利润逐年下降？"这时，我脑海里浮现出各种费用和成本的数据，然而，千言万语却不知从哪里说起，我支支吾吾地说不出个头绪来。李总的脸色非常难看，一阵红一阵白，而我恨不得找条缝钻到地底里去。

当风投公司的代表离开后，李总语重心长地对我说："小华，你的专业水平在所有的财务经理里面是最出色的，而且还是中级会计师和注册税务师，为什么在关键时刻，却连话也说不清楚？对账务稀里糊涂的，别人怎么有信心投我们呢？"

我也记不清楚当时是怎样离开李总的办公室的。那个晚上，我彻夜未眠。李总的话和那个场景一直萦绕在我的脑海里。我越想越怕：如果我再继续这样下去，将给公司带来多大的损失。我又会错失多少机会！

难道财务人就真的不善言辞吗？痛定思痛，我决心一定要改变。别人能做到，我也一定能做到！

二、因为成功改变，爱上讲台

很快，我报名参加了一家演讲培训机构为期四天的课程。起初，我还有点放不开，但在老师和同学的鼓励下，我终于站上了练习的舞台。然而，课程结束后，我又被打回了原形。

一次偶然的机会，我在喜马拉雅App上听到了一位名叫龙兄的老师说，之前他因为不会表达，连工作都找不到。这个故事深深地触动了我。于是，我开始跟随龙兄老师学习演讲。

我先是参加了为期三十天的线上演讲训练营。对于我这样的"演讲小白"来说，这是一次巨大的挑战。在写演讲稿时，我的大脑一片空白。我写了扔，扔了写，好不容易才写完演讲稿，又花了整整一个晚上录制视频。痛苦的过程，让我几乎要崩溃。我先生见状，劝我说："都一把年龄了，还这么折腾，何必呢？"听到这番话，我真的想放弃了。但是，每当想起过往的种种，我就感到不甘心："一把年龄又怎么啦？世上无难事，只怕有心人！"

小组的导师、教练都在不断地鼓励我。经过三十天的训练，我从开始不敢录制视频，到慢慢喜欢上视频里的自己。虽然未能进入决赛，但对于我来说，已经有了很大的进步。

在一次公司学习分享会上，我主动发言，逻辑清晰，言之有物，同事们都非常惊讶地说："小华，你最近是不是参加什么学习了？变化这么大！"这样的鼓励更加激发了我的学习热情和兴趣。在我的带动下，部门的氛围也发生了微妙的变化，大家都更加积极活跃。我把"极致、利他、价值、正念"的价值观作为财务部的文化。我的生活状态也发生了改变，身边的人都说我比几年前更年轻了。

都说教是最好的学。在我参加完高阶班的课程后，我向公司培训部负责人提出一个想法：给同事们分享"高效工作汇报"。这个提议一经传出，集团财务部的同事们都惊叹不已。我还大胆地向李总发起了邀请，说："李总，这是我第一次讲课，您是否可以动员一下咱们整个集团财务部的同事都来参加呢？"李总对我投来了赞许的目光。

没曾想，那天竟有五十多人来参加课程，除财务部外，还有其他职能部门的同事。说实话，我既兴奋又紧张。兴奋的是，竟然有那么多同事来参加；紧张的是，担心自己讲得不够好。

结果却超出我的预期。课程结束之后，同事们都改口叫我陈老师，纷纷称赞："陈老师，您的课讲得真好，这是我长时间以来最有收获的一堂课，我下次还要来听。"财务部老同事也给我反馈："这都不是我认识的小华了，以前是金口难开，现在是侃侃而谈。"

从此，我喜欢上了讲课，喜欢站在讲台上与学员交流和互动，享受亦师亦友的快乐感觉。后来，我还根据《非暴力沟通》这本书，设计了一堂"四步搞定职场冲突"的课程。

三、因为学以致用，化解冲突

因为演讲，我发生了改变，实现了许多不可能。作为财务人，我希望能帮助身边更多人提升公众表达与演讲的能力。我的使命感也越来越强烈。在龙兄老师的鼓励下，2021年，我创建了一家演讲俱乐部。

因为俱乐部的成立，我的领导力、组织能力和策划能力都得到了提升。我把这些能力应用到工作中，把俱乐部活动的运营模式应用到部门活动中：每月定期组织学习分享会，让同事们主动学习新税法和新政策；定期组织"夸夸会"，通过打油诗的方式进行互相赞美和赋能。

学会了公众表达以后，财务部的同事们关系更融洽了，工作氛围也越来越好，跨部门的沟通也顺畅了很多。其实，很多问题都是因为表达不当带来的误解。

有一次，出纳不在办公室，业务部的同事把单据放在桌面上就离开了。一个小时后，我收到了投诉电话，说款项还没有支付。当我询问出纳原因时，她正在生闷气，抱怨说："总是让我快快快，这名都没有签完，怎么快？今天不是要赶着结账吗？我刚从银行拿回单回来。主办会计还没复核签名呢，怎么付款？"

火上浇油的是，此时，业务部的何总也致电我，语气强硬地质问："你们部门是怎么做事的呀？付货款是大事，没有钱，怎么进货？你们根本没把心思放在业务上！"听到这番责备，我顿时火冒三丈："就事论事也就罢了，不用上升到态度上吧？我们怎么就没把心思放在业务上？同事们忙得连上洗手间的时间都没有！"情绪激动之下，我猛地一拍桌子，挂断电话。同事们都震惊了，他们从来还没见我如此愤怒。

很快，我意识到自己失态了，我深呼吸，努力平复情绪，脑海里快速寻求解决方案。突然，我想起之前学过的共情技巧及应对挑战的处理方法——"问原方"。问，承认问题；原，然后说原因；方，最后给出解决方案。

调整了情绪后，我拨通了电话："何总，货款项确实还没付（承认问题），让你们着急了（共情）。我看了一下，发现审批手续还没齐全，而且我们还没核实对方这笔款是否到了支付的时间。另外，支付金额也还没核实，万一对方还差咱们的货，多付了款，可能会对公司造成损失（原因，而且站在公司利益的角度上）。我现在马上安排主办会计核实。关于账款的事，希望业务部今后能按照计划时间尽早提交财务部核对，以免耽误付款（解决方案）……"

经过一番沟通，这场冲突终于得以平息。此后，在跨部门的沟通中，财务部也得到了更多的尊重。

公众表达与演讲力提升，可以解救工作中的危机，也可以让可以人与人之间的沟通更和谐，促进团队的合作与协调，从而有助于职场发展。

结　语

不知不觉中，我学习公众表达与演讲已经到了第五个年头。在即将退休之际，我陷入了沉思：是继续在财务领域深耕，还是转型专注演讲培训？

我认真地思考着：活了大半辈子，我终于找到自己的热爱。

既然已经退休，何不在人生下半场换个赛道，换一个活法呢？人生不就是在不断地尝试与挑战吗？

著名金融学者香帅曾说过："未来的职场生态，会逐渐向'硬知识决定下限，软技能决定上限'的生态演变。"公众表达与演讲力正是其中一项重要的软技能。我深知，这项能力不仅能够让自己在职场中更加突出，还能够影响到自身的个人发展。

更幸运的是，我在华赋天诚遇见了CCTV《世界听我说》节目的演讲教练五顿老师。他独特的演讲教学方法又让我对演讲有了跨越性的提升。同时，还结识了拥有三十年财控领域经验的尖兵、樊登读书官方认证演讲教练刘燕老师。两位老师的理念与我的志向不谋而合，都是致力于帮助财务人在职场发光发亮，被更多人理解和看见。有了两位领路人，我更加坚定了帮助别人表达自己的信念。

热爱我的热爱，坚持我的坚持。不管前方的路是坦途还是崎岖，我都会坚持下去。因为我深信，对于我来说，热爱已经成为一种力量，而坚持则是通向更远的成功之路。

第五章

抗挫力

挫折是一把磨刀石，让我们的意志更加坚强。

——约翰·麦克斯韦尔

王倩兰

中型外贸公司财务总监
微信名：X_888222CC

逆境中成长的力量

人生充满了无限的可能，只要我们勇敢追求，总会迎来意想不到的惊喜。在过去的生命旅程中，我经历了许多逆境，这些逆境成了我成长和进步的重要催化剂。

逆境并非终点，而是转折，是我逐渐认识自己、提升自我的契机。正是在逆境的冲击中，经过一次次的磨砺和考验，我找到了成长的力量，成为更为坚韧和有智慧的自己。

一、在追求梦想的路上坚强不屈

毕业后，在亲戚的帮助下，我来到了广州，并寄住在她家。然而，对这座城市一无所知的我，内心充满了恐惧和不安。由于语言不通，我甚至不敢独自出门坐公交车。亲戚无奈之下只好陪伴我乘坐公交车，并告诉我招聘的相关渠道和地点，希望我能尽快找到一份文员的工作。

我忐忑不安地来到天河南方人才市场。偌大的空间被划分成一个个面试区域，每个区域都摆放着印有各家公司的介绍和招聘信息的易拉宝。场内挤满了穿着得体的求职者。他们手持简历，在各个展台上寻找自己心仪的公司。

我手里紧紧地拽着简历，心跳加速，双手颤抖，额头渗出了微微的汗珠，徘徊在各个展区之间，迟迟不敢投出简历，甚至不敢看向面试官的眼睛。偶尔挤在人群里听面试官的问话，大多数面试官会问应聘者会不会说粤语。时间一分一秒地流逝，直到招聘会结束，我连一份简历都没有投出去。

又到了招聘日，我硬着头皮再次前往人才市场，但是依然不敢投简历。一个月过去了，父母给我的生活费已经所剩无几。我向亲戚抱怨，在广州找工作实在太难。得知原因后，她鼓励我说："你要开始学粤语，大胆去讲，不断地练习。简历也要多投，你已经踏入社会了，必须学会独立，不能总依赖他人的帮助。想要改变生活，就必须要靠自己的努力！"话毕，她还让我归还她借给我的五元生活费。

当时，我心里无比难受，恨不得马上收拾行李回家。但是，我不想让父母担心，更不想被亲戚看不起。我鼓起了勇气再次走进人才市场。一周后，我终于找到一份超市促销员的工作。尽管月薪只有七百元，但至少解决了基本的生活开销问题。

促销员的工作前景一眼便能看到头，亲戚建议我去考会计从业资格证并给了我一套考试教材。经过了五个月的努力，我终于拿到了会计从业资格证。于是，我又开启了第二次求职历程。

这段经历，是一次次战胜内心恐惧的征程，是一次次坚定前进决心的锻炼旅程。在面对挫折和困难时，我学会了勇往直前，不轻言放弃，在追求梦想的路上坚强不屈。

二、在前进的路上直面困难

这次求职比第一次更难，因为会计的岗位通常要求具备一定的工作经验。亲戚说："你没有经验，确实很难找工作。"这句话，又让我不服输的想法再次涌上心头。我开始反思每一次的面试过程，总结经验，提高面试技巧。经过一次次的失败和挫折，半个月后，我终于找到了一份财务文员的工作，主要职责是整理费用报销。

虽然这个职位很低，但是，对于没有财务经验的我来说，已经非常满足了。一年后，机会终于来了，负责会计工作的张小姐因家庭原因提出了离职。得知此消息后，我主动向公司领导提出："能给我接替张小姐工作的机会吗？可以试用三个月，如果不能胜任，我就主动离职。"也许是我坚定的态度打动了公司领导，他最终答应了给我一次机会。

于是，我开始拼命地投入工作，处理开发票、对账、做账等工作，常常忙得顾不上喝水。每天，我不仅是最早到公司的员工，也是最后离开公司的人。连门口的保安都感叹我太拼命了。

经过不懈的努力，不到三个月，我已经能独立完成会计的工作，顺利通过了考核。五个月后，公司领导还给我上调了薪资，并且由财务文员晋升为会计。

2014年，亲戚创办了一家会计师事务所。我内心很渴望能加入事务所，但是又担心处理不好亲戚关系，回到老家落人口舌。思量再三后，我还是请求亲戚给我一次加入公司的机会，毕竟事务所代理的企业多，学习和进步的空间很大。

公司有十五位同事，都是比我年轻5～7岁的姑娘，但是，她们每个人都拥有丰富的经验。我感到了巨大的压力。亲戚给我安排了十套账务，其中包括一般纳税人的账务——这是我不熟悉的领域。碍于面子，我没有去请教同事，而是直接向亲戚寻求帮助。她耐心地教了我两遍，我还是没有掌握。亲戚加重语气，当着全公司的人面说："你做了几年财务，这么简单的账务都不会，水平也太差了。"我咬紧嘴唇，强忍着马上要掉下来的眼泪。

类似的情形，每隔几天就会再次上演。我实在快撑不下去了，内心充满了委屈，很想离职，逃离这个让人室息的地方。但是，冷静下来想想，未来也可能再发生类似的情况，难道我每一次都用离职这种方式来解决问题吗？离职，是不敢面对挫折，是逃避现实。我心有不甘，于是，我把所有的情绪转化为动力，毕竟跟着亲戚工作可以学到很多专业知识。

当我的想法发生转变了以后，我每天第一个到公司。当遇到账务上的问题，我不再犹豫请教亲戚，尽管仍然会遭受她的责备，但是我积累了丰富的经验；当遇到与客户沟通难题时，她教会我站在客户的立场去思考，用他们听得懂的语言去沟通，再难的问题都能迎刃而解了。两年后，我成功晋升为部门经理，不管是业务水平还是专业技能都得到了很大的提升。

我由衷地感谢这位亲戚，她是我的引路人。她教会了我直面困难，接受并积极应对挑战，这些力量最终变成我的光芒，照亮我前进的道路。

三、在成长的路上磨炼实力

2017年，一家外贸公司向我伸出了橄榄枝，聘请我担任财务经理。

然而，企业的工作和事务所的工作有所不同，我不得不回到边工作边学习的状态，提升新工作所需的技能。我经常加班到很晚，每当夜深人静，整层楼只有我一个人时，哪怕一点小动静都能把我吓得心脏怦怦跳。

我不怕吃苦，但是我的努力并没能得到领导的认可，这让我备受打击。有一次，领导要求制定一个生产部门高管的绩效方案。我之前没接触过这个领域，只能通过翻阅各种资料进行研究，还积极寻求外部的资源的帮助。

经过一个月的努力，我终于制定出了自以为相当合理的方案。我信心满满地去汇报了研究成果。没想到，领导只说了一句："财务部能做出这样的方案确实很不错，但是这不适用，你再去想想有没有其他的方案。"那一刻，我的心情如同跌入千丈深渊。我投入了这么多的时间和精力，甚至放弃了周末的休息时间，却被领导一句话就否定了。我对创新和工作的积极性全都消失了。

深陷苦闷中的我，给一起研究的老师打了个电话，分享了我的遭遇。听完我的抱怨后，她问："和你的这个领导比，你是不是觉得自己的坚持更正确呢？"我毫不犹豫地回答，当然是的。

她对我的回应一点不意外，继续说："我能理解你现在的心情，但是，你也必须明白，唯一能将你的坚持变成现实的办法，就是争取自己当上领导。如果你现在放弃了，那么你的这些坚持又有什么意义呢？无论你去哪家公司，都可能会遇到一样的问题。"这次对话让我醍醐灌顶。我放下了所谓的"心气"，继续专注于工作。

在职场中，我们不能自以为是，毕竟领导的每一个决策都会有更高层次的考量。作为下属的我们，要学会换位思考，拥有管理者的思维，和企业共同成长和发展，才能获得认可。是金子总会发光，但在那之前，我们需要不断磨炼自己的实力，因为只有经过风雨的洗礼，才能真正闪耀光芒。

结 语

随着工作慢慢步入正轨，我也成了职场妈妈。然而，一个新的挑战随之而来，那就是如何平衡工作和生活。由于家里没有老人可以帮忙照顾孩子，我不得不把孩子送到小区楼下的早教中心托管。有一次，会议拖延至晚上八点。老师拍了一张孩子坐在早教中心门口等待的照片，这一幕让我感到心痛不已。

后来，我与先生进行深度的沟通，共同商讨孩子的接送问题。作为职场妈妈，我们常常试图将自己打造成工作和生活的超人，追求完美，从而把自己逼入困境。其实，人无完人，我们更应该关注自己内心的需求，接纳真实的自己，并学会寻求帮助。

逆境中蕴含着无穷的力量，而真正的力量来源于我们勇敢地直面真实的生活。只要方向是对的，不论面临多大的困境和恐惧，坚定前行，战胜自己的恐惧和不安，总会有惊喜等待着我们。正是在逆境中的成长，才能让生命更加丰富多彩。

吕勤琴

财务总监

微信名：yangzhouqinqin2023

NO.02 ▲
蜕变成更好的自己

逆境是一场考验，也是人生的一次洗礼。只有经历过风雨的洗礼，我们才能在逆境中找到成长的种种可能，才能更坚强、更有韧性，才能蜕变成更好的自己。

在逆境中，如果能换一种心态和视角看待问题，我们的人生境界将达到另一个高度。我们不仅能够战胜当前的困境，还能够提升自己的认知和智慧。所以，放下焦虑，砥砺前行，一切都会越来越好。

一、只要肯努力，任何时候开始都不晚

二十世纪八十年代，我出生在一个农村家庭。爸爸会开车和放电影，妈妈是位裁缝。在童年生活中，我不需要做家务，也不需要干农活，只管快乐地上学和玩耍。

在那个年代，相比高中，中专院校更受家长们的青睐。然而，完全没有意识到压力的我，并没有努力学习，导致我与心仪的师范学校失之交臂。几经打听，妈妈终于帮我找到可自费的中专，每年学费2400元。这个学费，对于我们家来说也不

是个小数目，妈妈只能求助于亲朋好友，好不容易凑够了第一笔学费。

我当然非常珍惜这个来之不易的学习机会。中专三年，我都不敢懈怠，以优异的成绩毕业。同时，还获得了会计从业资格证和电算化会计资格证。

然而，毕业即失业。此时，家庭的经济状况也早不如从前。我向同学借了二百元，与两个同学一起踏上了外出打工之路。

在炎炎的夏日里，我们每天奔走在找工作的路上。然而，投出的简历总是石沉大海。没几日，同学联系了亲人，离开了石狮。在村里乡亲的介绍下，我到一个小作坊给摆件涂色。说是包吃，唯一的菜是老茄子剁成块，倒进锅里加糖煮。吃了两天方便面后，我实在无法适应，就离开了。后来，在舅母的介绍下，我进了酒店做服务员。

经过半年的等待，我终于迎来了工作分配。单位是国家林场，职位是干事，负责管理公章和文件的差事。半年后，老会计调回家乡附近工作，机会终于降临到我的头上。在师傅的悉心指导下，我很快就能够独立完成单位的手工账务。

国家林场的工作环境非常安静，这使我有充足的业余时间来进行学习。在此期间，我考取了会计初级职称证书。一成不变的工作，让我似乎看到了六十岁后的样子。这让我的心开始躁动。

2000年的元旦假期，我乘坐火车到广州，希望能够寻找与会计相关的工作机会。让我绝望的是，很多企业的招聘要求中，最低标准是具有大专学历并要熟练使用电子表格。回到林场后，我报名参加了县里的电脑培训班，学习使用电子表格，并开始了大专学历的进修。

在坚持不懈的努力下，我终于在2004年拿到了大专文凭。学会了新的技能，拥有了大专学历，我更自信地面对未来的挑战。

这个阶段，我觉得做得最正确的一件事是：树立目标，找到人生的方向和榜样，明确自己想成为怎样的人。有了目标，人生才不会迷茫。

二、只要不放弃，机会总会给有准备的人

2005年初，在做好了充分的准备后，我辞去了国家林场的工作，准备前往广东。恰巧妈妈看到一则会计招聘广告，工作地点是广东中山，正好与一位同学在同一个城市。我毫不犹豫地报名参加了面试，并顺利通过，成为室内装饰公司中山分公司的会计。

分公司财务部只有一个会计和一个出纳，不用打卡，时间自由，只要按时完成工作就可以了。因为是老乡的缘故，大家都很照顾我，生活很轻松惬意。工作一年后，我还清了读书时欠下的债务。第二年，我被调到了佛山分公司，日子依然轻松自在。于是，我又考取了会计中级职称。

这样的生活持续了大约一年半的时间，佛山分公司迎来了变革，从直营变成了加盟模式。我的工资也因此有所下降。恰巧武汉的表弟告诉我，广州荔湾区有个公司在招助理会计，建议我去面试看看。幸运的是，我带着简历去面试，顺利被录用了。

因为没有使用过财务软件，我本有些不自信，但是，因为

过往有独立处理全盘账的经验，踏实肯干的我，经过两年正规的训练，从营收会计到总账会计，再晋升到主办会计（对接专管员）。熟悉了用友财务系统的我越发的自信了。

此时，有一位主管要调回福建总部。本以为我可以接替这个主管岗位，但是经理不同意，说我与同事之间的关系不和谐。后来才知道，原来是我的下属打小报告，她对我这个学历比她低的领导不服。因为久久不能升职及莫须有的罪名，我毅然离开了。

鉴于我有连锁名牌鞋业的工作经验，加上中级职称，我顺利应聘上了连锁男装公司的总账会计。经过四年的努力，我从总账会计晋升为分公司的财务经理。

没想到，我遇到了另一个难题：在与各部门对接工作的过程中，我过于直接的沟通方式，无形中得罪了不少同事，被大家冠上了"情商低"的标签。我本不在意，然而，随着时间的推移，不和谐的人际关系直接影响财务优化工作的进展。于是，我开始调整自己的沟通方式，用温和友好的态度，以商量的语气去和大家沟通，尽力与大家建立轻松愉快的工作关系。渐渐地，我的人际关系有了一些改善。

在江西分公司担任财务经理的四年时间里，从混乱的财务状况梳理到井然有序，我夯实了财务部门的管理经验，并拥有了跨部门沟通能力的基础。虽然吃了一些苦头，但是，这些都为我的职业生涯奠定了基础。

2018年，我又被调到广东分公司担任财务经理。有了前车之鉴，我与业务部门的同事沟通时都会非常注意言辞和语气，不再像以前那样谈起工作就一脸严肃。即使有时候没有得到业务部门的配合，我也不会采取强硬的方式，而是想办法争取总经理的支持，这样工作开展起来就顺利多了。

后来，公司搬迁到距离我家两个半小时车程的区域。恰巧我怀了二胎，虽有不舍，最终，我离开了这家我工作了十一年的集团公司。

三、人生就是一场修行，历经苦难后必将取得真经

2021年10月，我加入了一家纺织面料批发零售公司。公司的负责人非常出色，不仅智商和情商都极高，而且乐于成就下属。他特别重视财务和人事的工作，认为这是公司的左右手。

然而，一个月以后，领导让人力资源部重新招财务高管，因为他觉得与我沟通工作非常难受，我常常不能理解他的意思，导致对话效率不够高效。我做了最坏的打算，在没明确表达辞退我的情况下，我尽量去做好工作。人事部总监为人友善，提醒我要注意及时汇报工作，而且要注意表达方式。

突然，我想起休产假期间学习过的向上管理课程。课程中，老师说："领导骂你，说明还没有放弃你，而是希望你尽快作出改变，适应他的沟通方式，这只是他的风格，你少一点'玻璃心'，皮实一点，理解领导的需求……"

我终于意识到：原来我的工作不得法，没有习得职场进阶的逻辑。公司是一个组织，我应该遵从"围绕组织目标"的第一原则，以"为公司创造价值"的高度去思考问题，这样才能获得领导的认可。基于这样的前提，我才可能更好地理解领导的期望，将工作做到他的心里去，而不是简单的察言观色。

从此，领导批评我时，我不再会感觉委屈，也不再会觉得

失去了面子，而是积极调整自己的工作方式。少一点内心戏，多一点理解。

同时，我逐渐领悟到及时汇报工作进展的重要性，特别是在涉及时间跨度较长的项目中。领导需要时刻了解进展情况，以便及时干预和调整计划，避免事情偏离预期。例如，我会及时向领导汇报年底的预算进展情况，哪些部门已经完成了任务，哪些部门预计还需要更多时间。领导对我的工作越来越放心。

有一次，公司新场地需要购置办公家具，领导给了我一个做家具的朋友的联系方式，要求我协助获取报价和方案。我利用休息的时间去家具市场多方询价，最终整合成一个更详细的方案，然后向领导汇报。这个方案为公司节约了三万左右的费用。在得知我没有报销车费时，领导对我进行了表扬嘉奖。

后来，领导让我协助他制定KPI（关键绩效指标）。虽然以前从未接触过，但是，我毫不犹豫地接受了这个挑战。我购买了参考书籍，努力尝试制定KPI，然后提交给领导审阅，直到他满意为止。

这段经历让我收获最大的是，懂得如何做好向上管理。领导最喜欢的员工的特点是：操心少、潜力大和贡献大。同时，我也认识到思维的改变会影响行为，行为的改变会带来不同的结果。

最后，我想和大家分享一些向上管理的关键点：

- 了解领导：了解领导的职责、需求以及底线，熟悉领导的沟通风格；

- 提供有价值的信息：为领导提供关于未来的趋势和机会，以及解决关键问题的可行性方案等有价值的信息；
- 管理预期：清楚了解领导最希望自己关注的重点工作，优先解决什么问题，同时，汇报现实存在的问题；
- 及时汇报：包括工作进展和差距，新机会和新发现。将前后的数据呈现出来，总结利弊，再简要说明实施步骤，并提出分析和建议，供领导做决策；
- 争取资源：争取达成目标的人力、财力、物力资源，以及机会资源；
- 寻求评价：请领导对自己近期的业绩水平、优势和进展差距进行评价，以帮助自己时刻与领导期待的目标保持一致性，高效地完成工作目标。

结　语

回顾过往，我的职场进阶非常缓慢，全靠自己摸爬滚打。如果有现在的认知，也许我可以成长得更快，发展得更好，成为更优秀的自己。

在逆境中，我们常常能够发现内在的力量和潜力。它们就像是一场深刻的磨炼，锤炼着我们的意志和品质。当我们能够摒弃消极情绪，面对困难，并努力改善自己的态度和行为时，我们就开始迈向更高的境界。

因此，无论何时何地，都请记住，在逆境中，你有机会成为一个更好的自己。不要让困难击垮你，而是要将其视为人生进步的机会。相信自己的潜力，坚定前行，你将走向更美好的未来。

　　最后我想感谢我生命中的贵人，谢谢您们一路以来的支持、帮助以及给予我的无限力量，让我在焦虑的年纪能够更加笃定。不管将来面对多少困难，我将在学习的路上砥砺前行，蜕变成更好的自己。

王秋菊

财务咨询公司合伙人
深耕财税服务10+年
微信名：juhi3610

NO.03 ♠

不定义未知的人生

"不是花中偏爱菊，此花开尽更无花。"自古以来，文人墨客皆爱菊，或爱它的品行高雅，或爱它的隐逸脱俗，抑或爱它的坚强不屈。

"秋菊"是爷爷给我取的名字，因为我出生在秋天。听父母说，爷爷素来爱好文学。或许这是爷爷对孙女的期许，希望我能拥有如菊花般美好的品质。

一、在平凡中感受坚强的力量

二十世纪九十年代，我出生在一个非常普通的农村家庭。虽然我是货真价实的"90后"，但我不喜欢被定义为"90后"，因为我们每个人都应该是不一样的自己。

三十年来，父母以手工制作潮汕特色小吃——普宁豆干来维持生计。把一颗颗黄豆做成一块块普宁豆干，其中的工艺复杂且烦琐。父母凌晨一两点起床开始劳作，首先把浸泡了一晚的黄豆打磨成浆，然后将豆浆煮沸。与此同时，把一小部分豆浆按照一定配比与红薯粉揉捏混合，再加上秘制的卤水。待豆浆凝结后，再开始包制。

包制时，父母躬着腰，将一块块白色纱布铺在五行五列的木格板上，用以包裹原料，然后撑起一个圆圆的铜勺，娴熟地把原料放到纱布中间；待二十五个格子舀满之后，再将每一块小纱布左右上下折叠固定塑形；将木格板取出后，换上一块实木板压制。然后重复以上动作，继续一块一块地铺、舀、包、压。

所有豆干包好压实以后，父母再将一块块的豆干整齐叠放到竹编蒸屉里，放到一口直径1.5米的柴火锅中蒸制半个小时。豆干被蒸熟后，需要趁热从锅中端出，将包裹豆干的纱布一块块脱下，再摆放到另外一个竹编盘中散热。我每次帮忙的时候，双手都被烫的通红。

待豆干放凉以后，就可以将它们装袋出售了。卖完所有豆干后，父母再一件件整理、清洗、晾干所有用于制作豆干的工具，以便第二天继续使用。所有的活干完，已经是午饭时分。如此日复一日，年复一年。

我偶尔会加入父母的劳作，觉得有趣好玩。父母常常顺势教诲我说："天下第一苦，打铁磨豆腐。你要好好读书，好好做人，不要像爸妈一样挣钱挣得这么辛苦！"这句话，我一直铭刻于心。

父母平凡的人生，却让我看到了无私奉献和坚强不屈。他们从来没有抱怨过生活的不公，也没有舍弃内心的善意和坚定，而是在平凡的日子里感受生活的美好。

也许是因为在这样的家庭成长起来，我没有优越的物质生活，没有被过多呵护，也深刻理解父母的艰辛，所以我一直努力学习，成绩名列前茅，而且听话懂事。

二、在探索中找到职业的方向

父母一直希望家里能出一位大学生，然而，两位哥哥初中就辍学了，我成了家里唯一的希望。学习成绩还不错的我，本来有望进入县第一中学，但最终距离录取分数线仅差几分。

上不成县一中，那去哪里上学呢？在叔叔的推荐下，我报读了市区的一所民办高中。从家里到学校，需要先乘坐一个小时的巴士，再坐二十分钟的摩托车才能到达。为了能考上更好的大学，我已没有更好的选择。

这是十五年来，一直在父母身边的小棉袄第一次离开家，开始独自的寄宿生活，我的心里既期待，又紧张不安。出发前一晚，爸爸让我自己坐车去学校，我当时眼泪都快要掉下来了。后来在妈妈的劝说下，爸爸才把我送到了学校。现在回想起来，爸爸是想培养我的独立能力。

尽管高中三年我依然是不偏不倚的好学生，但高考成绩距离一本线又是只差几分。填报高考志愿时，家族里唯一的大学生——叔叔，特地请了几天假回来帮我斟酌填报志愿。那是十八年来我第一次认真地思考我想干什么。

父母希望性格内敛的我上师范院校，未来在家附近的学校当个老师，一年还能有两个假期。我非常坚定地拒绝了，表示想学语言。于是，叔叔建议我学习小语种。但是，我们翻阅了一整本志愿填报指导书籍，却发现广东省内没有适合我填报的院校和专业，只有远在山东的临沂大学较为合适。

父母不愿让我一个人去举目无亲的陌生城市，我提交志愿后，母亲依然天天在耳边唠叨："你一个人去了山东，吃住都不习惯，要是生病了或者遇到什么事情了，怎么办？谁来帮你呀？"有时候说着说着，就哭了起来。

看着母亲担忧的样子，听着家人一次又一次的劝说，我最终还是放弃了自己的选择，第一批本科补录时报了南方医科大学（第一军医大学），（医药）市场营销专业。一个陌生的学校，一个毫无概念的专业，我就这样开始了四年的大学生活。

每当寒暑假回家，邻居们都会询问我在哪所学校，父母都会特别骄傲地说："在广州的南方医科大学呢！"感觉我就是未来的大医生，然而，我学的仅仅是市场营销，顶多就是多了几门基础医学学科。

我依然对未能学到我想学的小语种有些耿耿于怀。恰逢学校组织报读第二专业，在与父母商量并得到他们的同意后，我决定报读商务英语，同时选择法语作为第二语言学习。这也许是十八年来，我第一次这么坚持想要做一件事，尽管后来还是把英语和法语全部还给了老师。

大三时，我们从顺德校区搬回了广州本部校区，来到了真正的大城市，有着肉眼可见的快节奏。地铁上每天人头攒动，大家都在为了生活奔波打拼。我想：我是不是也应该融入这座城市里，为自己打拼打拼呢？

一次外出，同班同学正好要去参加广交会展商——中国制造网调查员的兼职面试，一天有两百元工资。凭着学过的一点商务英语知识，我抱着试一试的心态也去参加了面试，没想到竟然被录取了。广交会举办十五天，我就赚到了大半年学费。后来，我就经常去各种展会中兼职。不知道我是哪里来的勇气，大概是在兼职时体会到了赚钱的快乐和打拼的意义吧。

大四毕业时，我终于要走出象牙塔了。按专业方向我只能从事医药或者医疗器械销售，对于不善表达的我来讲，就像是死路一条。于是我就盲投，最后去了一家从事财税培训咨询的民办企业。

万万没想到，我的第一份工作，竟然选定了我职业生涯发展的行业赛道——企业财税服务。

三、在成长中突破有限的认知

财税培训咨询公司的工作，主要是维护老客户，跟进日常消费；处理新客户的主动咨询和成单；同时，还需要做好财税培训的支持工作，包括对接讲师、课程安排和课程现场运营。工作内容细碎且烦琐。

幸好，我遇到了一位好领导，在他的悉心教导下，我学会了如何有效地做好时间管理，如何提高解决问题的能力，如何运用工具提高自己的工作效率。两年后，我的底薪也翻了一番。虽然薪水不算很高，但我非常庆幸在刚刚踏入社会时，能有机会接触到各种工作，锻炼了自己的综合能力。更重要的是，我受到了各级领导的肯定。

有一天，我突然接到行业首屈一指的财税培训公司广州分公司总经理的面试邀约。年轻的我，以为他是想利用我手上的客户资源，于是毫不犹豫地拒绝了见面。总经理第三次拨通我的电话时说，正好上海总部的销售总监本周来广州出差，可以见面聊一聊。于是，我同意了。

见面时，我们交流了行业市场竞争情况和客户日常的需求。当提到我的工作及生活时，总经理问："你对自己现在的工资还满意吗？想不想赚更多的钱呢？""当然想啦！"我脱口而出。

我坦言，那时刚与大学同班同学领了结婚证。他从事医药销售，收入一直比我高。我不服气，都是同班同学，凭什么他的工资比我高呢？了解我内心的渴望以后，他们开始向我抛出了橄榄枝，给我介绍具体的工作内容。一听是销售的岗位，不自信的我开始打退堂鼓："我觉得自己不适合做销售工作。在我眼中，销售都是非常善于交际而且性格活泼外向的人。而我，只是一个安静内敛、不爱说话的内向姑娘。"

然而，总经理说："这是你自己的错误认知，我觉得你一定可以成为非常优秀的销售！"我将信将疑，但内心已经开始动摇，也渴望跳出舒适圈。万一工资真的比先生更高呢？于是，我告别了第一份工作，开启了充满未知的销售工作。

习惯了朝九晚五的工作节奏的我，初到新公司时，惊讶地发现：每天到了下班的时间，竟然没有人要赶着回家，而是吃过晚饭继续打电话。每天必须要完成200个电话呼出，否则不允许下班。我的天呀，200个电话，怎么可能？太难了吧？

奇怪的是，每天晚上十点，甚至临近12点的时候，总有同事在群里报喜开单了。每成交一单，就意味着有提成可以落袋为安，这对我无疑诱惑十足！于是，我也开始跟着老同事们一起打电话联系客户，学习成交技巧。

功夫不负有心人。入职第一个月，我连开了三单，当月收入过万，超过了我先生的工资！原来，销售也不是很难嘛！第一个月尝到的甜头以后，我决定继续坚持下去。然后，在第四季度的销售业绩比拼中，我成为分公司的销售冠军！

公司业务范围不断扩张，需要继续组建团队，我赢得了一次转管理岗的机会。第二年，我带领团队完成业绩，同时还成为分公司的年度销冠。我的销冠海报挂到了分公司的文化墙，成为激励新员工的榜样。

然而，第三年，公司进行了管理制度改革，管理人员不再直接参与销售，只带兵不打仗。面对新角色，我要如何转型为职业经理人带领团队呢？最重要的是，我要如何带领大家团结一致，实现团队业绩目标呢？

诚惶诚恐的我，开始在网上买各种流派的管理书籍，床头上堆满了近五十本管理书籍。有了方法论的支持，我逐渐掌握了管理技巧。不论是团队氛围营造方面，还是团队业绩产出方面，我都获得了不错的成绩。当年，团队还成为年度销冠团队。后来，我被多次邀请到其他销售区域分享团队管理经验。这是我从来没想过能做成的事情，我的一切付出都没有白费。

近年来，我一直在思考：客户是因为信任所以选择了我，而我对客户的价值难道仅限于这些有限的培训课程资源吗？如何能持续地为客户们创造价值呢？

在和几位志同道合的朋友们一起探索后，我们决定自己创立公司，致力于"为客户持续创造价值"这个共同目标。

结　语

人生无须定义，未来不可预知。生命中的每一个阶段都值得珍惜，每一次挑战都是成长的机会。只要我们不畏困难，用勇气和智慧不断突破自己的界限，就能书写属于自己的壮丽篇章。

"耐寒唯有东篱菊，金粟初开晓更清。"希望我能不负爷爷的期盼，如同菊花一般锐意进取，坚强不屈！

赖银秀

财务咨询公司合伙人
10年财税行业服务经验
微信名：vikilyx

NO.04 ♠

逆风的方向更适合飞翔

2022年，经过了九年的职场历练，出于对领导和团队多年背靠背一路打拼的信任，我们毅然决然地走上了创业之路，这是我自断退路和决不投降的决心。

从此刻起，我迎来了人生下半场，再续与财务领域的深厚缘分。

一、旗开得胜，摸索前行

2013年的夏天，正值毕业季，我有幸被老师推荐到她朋友的外贸公司面试。我从上百位的应聘者中脱颖而出，成功被录取，负责跟单、财务和行政工作。

这些工作看似琐碎，但我却欣喜若狂，欣喜于旗开得胜，又欣喜于天遂人愿——我是极少数能选择对口专业工作的学生之一。我因此倍感珍惜，更暗下决心要全力以赴地投入工作，不能辜负老师和领导对我的信任。

这是一家对日本出口灯具的外贸公司，挂靠在上海一家规模较大的企业。作为跟单员，我的主要职责是在收到日本客户的订单后，对接国内工厂和货运代理，包括货物、船舱和货柜的预订等，并协助工厂按时间节点完成出货。

　　起初，我有些手忙脚乱，庆幸的是，在师傅的带领与教导下，我顺利过关。慢慢地，我便悟出了应该在什么节点跟进什么流程。特别是在约定的交货期前一周，我始终铭记要提醒工厂时间节点，否则延时交货将导致延误交付时间。如果不能在原定时间内完成，我就会心急如焚，担心公司信誉因此而受影响，甚至造成经济上的损失。

　　为了降低出错率，我把每个客户经常订货的型号、需要到岸的码头、收货地址电话及联系人、供应商的产品、重要的对接人、可能会出错的环节，以及需要提前多久提醒对方人员办事等等，统一进行了梳理和规整，并整理成业务说明书和流程指导。

　　工作越来越顺手的我，甚至开始思考要在外贸行业深耕，积累更多宝贵的经验，为将来在更大的外资企业工作打下坚实的基础。

二、无畏前程，向光而行

　　也许是因为我对工作的认真和主动，领导把一项原属于另一位老同事负责的一项重要而辛苦的工作交给我——去码头监管装货验柜。我欣喜鼓舞，这个头衔听起来有种很厉害的感觉。我想象着码头应该和港剧里演的一样，干净的蓝天下，摆放着各式的货柜，车辆有序进出，精英们戴着安全帽在讨论和监察。

　　然而，当我到达现场时，我傻眼了——川流不息的货车，已经把码头五公里以内的水泥路走出了千沟万壑。因为没有直达的公交车，我只能在最近的公交车总站下车，再花十元搭乘摩托车进入码头。在路上，一辆辆装载着货物的大车从我身边呼啸而过。那一刻，我总感觉距离死神很近，只能闭上眼睛，心里默念赶紧到达。

　　颠簸了二十分钟后，我终于抵达码头，映入眼帘的除了来回穿梭的货车与货柜、堆放一旁的成山的集装箱和一堆堆待装卸的货物以外，还有忙碌的搬运工人和装卸货物的叉车。每辆车经过都能扬起满场灰尘，仿佛是硝烟弥漫的战场。面对这一切，我内心充满彷徨。一位装柜的大叔笑道："怎么派你这么一个小姑娘来呢？这不该是你干的活，这里一般只有男人出入。"我只笑笑说："没事，我可以的。"

　　客户对装箱的要求很高，小到产品型号的排列，大到纸箱尺寸的位置，甚至是每个相纸放置的角度都有严格的要求。我用心记录着领导交代的每一项任务，以求在最短的时间内尽快掌握。因此，我经常前往码头，从最初的战战兢兢到后来的游刃有余，我仅用了两周时间。

　　六七月的广东，天气变化无常，除了不时的雷雨天气，还经常会有台风。有一次，我被安排到码头装货，正好收到台风预警。之前一起去的同事已经离职了，我心里虽然害怕，但依然只身前往。记得那天码头的天是黑沉沉的，路也是黑沉沉的，心情更是沉重的。最后，我不知道蹚过多少浑水才走回家的。

　　由于在广交会（中国进出口商品交易会）中取得了很好的

成绩，领导想多开一个商品展销卖场，试图进一步开拓内销市场，我们便在一个灯具城租了一个商铺。进场时，需要将从中山运来的近五百件不同款式的灯具摆放展示，我和另一个跟我同时入职的同事负责收货和摆放。

初出茅庐的我们，面对满满当当一车的货，不禁目瞪口呆，有些箱子甚至比我们个子还要高。店铺在三楼，商场的电梯六点就停止运行，到货时已经是下午五点多。由于这是一个新商场，只有几家店铺入驻，所以，六点后，大门也会关闸，只留下一个小小的供商铺工作人员进出的侧门。黑漆漆的大楼，只有我们俩不停搬动货物的身影。当我们终于挪完那小山般的箱子时，已经是晚上十点多了。

也许是在这日复一日细碎的工作中，我逐渐失去了曾经的热忱。八月底，我正式提出了辞职。虽然领导竭力挽留我，但我清楚地知道，这不是我想要的生活，我不想在这些事务中迷失了自己，把自己变成一个有经验却黯淡无光的人，我需要找到属于自己的光。

我很感谢这段经历，让我开始思考，自己想要的是什么。

三、倔强前行，逆风飞翔

离职后，我开始重新审视自己的职业方向。我深知自己内向、不善言辞，所以，除了外贸行业以外，我心仪行政人力之类的岗位。然而，投简历，面试；再投简历，再面试，如此反复一个月，我依然没有找到合适的工作。我的信念灯塔有了松动的痕迹。

父母知道我自尊心强，每次通电话时，他们都不敢询问我的情况。我知道他们的欲言又止，也懂他们的担心和心疼。我在电话里强忍哭腔，笑着说一切都好。

每当想起父亲在电线杆上工作时浑身湿透的情景，或者想到母亲送别时偷偷哭红了的双眼，我就心头郁堵。我什么时候才能让他们过上不需要如此辛苦的日子呢？这时，我突然想起父亲从小常常告诉我"适者生存"的道理，他说这个世界从来都是人去适应环境，而非环境去适应人。是的，我应该学会改变，去适应环境！

第二天，我收到了一个面试邀约，是一家财税培训公司的学习管理师的岗位。到达办公室时，只见零零散散坐着几个人在打电话。简陋的办公环境，松散的工作氛围，我在内心已经按下了否定按钮。不过，抱着既来之则安之的心态，我决定去见见面试官，权当是一次学习的机会。正是这个决定，让我与财务结下不解之缘。

走进面试室之前，我已经在脑海中回顾了过去一个月的面试经验，然而，面试官完全不按套路出牌。他只是简单地询问了我几个问题，得知我不想做销售工作后，很坚定地告诉我："我觉得你可以，你是一个非常有上进心的人。如果你愿意，可以来尝试一下，给自己一个挑战的机会。"

考虑到自己已经没有别的选择，于是，我就答应了，负责B端的培训业务开发工作。经过半个月的了解，我发现原来公司是国内最早的全国性企业培训机构，在业内的口碑非常好，深受客户的信任。于是，我暗自下定决心，给自己三个月的时间来适应这个岗位，如果不适合再放弃。

然而，努力了两个月后，我依然没有达成业务成交。也许自己真的不适合从事业务的岗位，这时的我心里已经默默在盘算重新投简历找退路了。

四、扎根财税，挑战未来

也许是看出我的心思，领导全力辅导我专业知识，帮助我提升专业技能，不辞辛劳地陪我去拜访客户；同事们也特别关心我，常常给我鼓励打气，让我倍感温暖；朋友们也常常跟我分享他们奋斗的历程，激励我坚持和向前。他们一次次地给予我信心，帮助我缝补内心的裂痕。

我下定决心，不能辜负这么多信任和爱护我的人。我每天加班一小时，用于梳理业务流程和整理客户资料，这样，工作效率得到了显著提升。虽然还是没有业务成交的信号，但我渐渐地找到了方向。大半个月后，在所有人的期许下，我终于迎来了第一个订单——那是我保持了三个多月联系的客户。就这样，我在这个行业扎下了根。从此，财税圈多了一只保持热忱和耐心的笨鸟。

进入财税领域，与其说是误打误撞，不如说是有贵人相助——我的职业引路人吴本赋吴总。是他的推诚相见，打破了我对自己的认知偏见；是他的谆谆教导，给予我勇气去克服挫折和困难；是他的一路指引，让我在不确定的未来找到了梦想。他的淳朴真诚、严于律己、保持学习和对身边人的细心关怀，都深深地影响着我。

五年前，他说要带我进入一个全行业管理体系更完善的平台，创建一支业内第一的团队。这个过程会非常艰苦，因为一切都要从零开始，工作强度可能是现在的两倍以上。结果，在第一年，我们就实现了目标。

回想那些日夜拼搏的日子，的确充满了苦楚和煎熬。一遍遍的团队战斗和拉练，一次次的冲刺和拼杀。每天都是百米冲刺的节奏，我经常有一种把一天当三天过的错觉。那些错过的饭点和末班车，我至今还记忆犹新。我曾经流下的汗水和熬黑的"熊猫眼"，都是胜利的见证和坚持的印记。

在一次闲聊中，吴总提到行业现状和他多年的梦想——创办一家公司，发挥自己的价值，影响和帮助更多人。也许这是一条九死一生的路，不仅更辛苦，还可能会失败。但我知道他会始终铭记自己许下的承诺，因为他是最敏锐的产品体验官，是团队最信任的领路人，也是客户最信任的朋友。于是，我毅然决然选择继续相信和追随他，为了共同的梦想，为了那个充满挑战的未来。

结　语

很多朋友听说我们要创业，从起初的不解到最后的信服和敬佩，再到现在选择并肩同行。短短两年中，我们这支年轻的初创团队经历了无数的挑战和困难，所幸，我们始终相信吴总，相信团队。

对于未来，我们会持续以百分百的努力、百分百的热忱和百分百的耐心来浇灌。我们要用最好的服务和产品回馈市场，回馈所有信任和爱护我们的朋友，这也是我的初心和团队每一位成员的目标。

正如五月天在《倔强》歌曲中所唱："逆风的方向，更适合飞翔。我不怕千万人阻挡，只怕自己投降。我和我最后的倔强，握紧双手绝对不放。下一站是不是天堂，就算失望不能绝望。"

在每一个不知所措的瞬间，每一个犹豫不决的时刻，每一个踌躇苦恼的日子，我们都能逆风飞翔。只要不放弃，相信一定能找到属于自己的那束光，成为自己想成为的人。

第六章

成 长 力

成长是生命最美丽的旅程，让我们不断发现自己的潜力。

——杰西卡·希尔

肖雅芳

三十年财务管理经验

总会计师

爱美食的旅游达人

微信名：karenxiao888

路，一直在脚下

每个人的人生不尽相同，没有人能给你绝对正确的答案，每一步似乎都充满了奥妙。但只要你的心中秉持善念，待人以柔，持己以刚，就可以走出属于自己的阳光大道。

一、冥冥之中，自有安排

作为"70后"的我，出生于湖南省一个矿山系统的普通干部家庭。我的父亲从事行政工作，母亲则是一名教师。虽然家教严格，但父母慈爱，在这样的家庭环境下，我健康成长。从小到大，我都是别人眼里听话的"三好"学生。

初三毕业时，我以全县第二名的成绩考上了师范学校。虽然内心有些许不甘，但我还是顺从了父母的期望，毕业后开始了教书育人的工作。如果按照这个轨迹发展，也许我最后可以荣耀地以优秀的人民教师的身份退休。

然而，年轻的心总是躁动、不安分。工作两年后，我决定停薪留职，参加成人高考。于是，我放下了语文老师的工作，开始攻读经济管理专业。

　　毕业后，我进入了一个省属化工集团工作，没曾想进了财务处。在这个拥有上万名员工的大型工厂中，我幸运地成了二十世纪九十年代中最早接触电脑的一批人。

　　在国企工作的生活，是平静的，也是枯燥的。日复一日地面对着票据和表格让我感到乏味。六年后，随着国有企业改制政策和南下发展大潮的出现，命运的齿轮又开始转动，九十年代末，我来到广东，开始了我的"粤漂"生涯。

　　转眼间，我在广州已经扎根了几十年。在这个过程中，我从国企、民企到外资企业，从体制内到体制外都有涉足。有过奋斗、抗争，也有过沮丧、低落，但我从未后悔过。因为我相信，每一次的选择，既是性格使然，也是冥冥之中自有安排。这些经历不仅丰富了我的人生旅程，也让我更加坚定地走向未来。

二、上下齐心，其利断金

　　来到广州后，我进入的第二家公司是一家美资企业，主要生产西式调味品，供应给麦当劳等西式快餐企业。公司经营模式包括进料加工和一般贸易两种，因此对外申报部门除了税务和工商，还有海关。

　　在2000年左右，公司一直得益于外资"两免三减半"的税收优惠政策。一般情况下，在未盈利前，税务局不会对外资企业进行税收审查。然而，一旦公司开始盈利，税务局就会按规定对企业过往的年度企业所得税进行稽查，同时还会涉及增值税及其他税种的核查。

　　我加入公司时，正好是公司连续盈利的第二年。税务局通知我们要对企业成立迄今连续十年的企业所得税进行稽查。虽然知道这是一件很重要的事，但是当经理通知我们这件事时，我和同事们还不太清楚这对于我们意味着什么。

很快，税务局的工作人员进驻公司，开始了稽查工作。他们每天上午和下午都会来到公司。我们需要按照要求整理好历年的账簿、报表、凭证，以及海关的相关报关单，给他们查阅。这些工作人员都很专业，也很严谨，我们曾邀请他们在公司食堂就餐，但被他们婉言谢绝。

这些工作看似并不复杂，但实际操作起来却极其烦琐。作为一家生产制造型企业，每个月的凭证数量可达四五十本，还有大量的进货单、销售单和报关单等原始单据。会计档案室里积存多年的凭证账簿外壳都覆盖着一层厚厚的尘埃。要找出相关的凭证和原始单据相当不容易。

那段时间，我们每天都在寻找凭证、搬运文件，再重新搬回档案室。这样的工作持续了一个月。一个月后，税务局发来了核查通知书，列举了大约十项问题，包括企业所得税和增值税等需要补缴纳的税款和滞纳金。

当税务局的核查通知书被汇报至美国总部后，总部震惊不已，责令广州公司采取措施，将损失降到最低。此时，真正的痛苦才刚刚开始，财务部同事们都感受到了巨大的压力。

总部很快安排了第三方中介机构——全球四大会计师事务所之一的香港毕马威会计师事务所，对税局核查通知书列举的问题重新进行核查审计。

毕马威的审计师每天会提供一份清单，上面详细列出了需要我们提供的相关凭证、报表及原始单据，具体到年、月、字号。虽然范围缩小了，但我们查找的难度却增加了。此前，我们是按月提供给税务局，现在我们需要先找出对应的凭证，然后进行复印、整理并贴上标签，再编制清单，最后交给审计师查阅。

因为白天要完成日常工作，我们只能安排在晚上和周末进行查找和复印的工作。为此，我们开始每晚加班。财务部的同事们展现出了高度的协作力和执行力。我们按查找、复印、整理、贴标签、列清单等事项进行分工，有条不紊地进行工作。每天加班到深夜，第二天照常上班，这样的状态持续了整整一个月。虽然很辛苦，但大家别无选择，只能咬牙坚持下来。

毕马威的审计师也常常工作到深夜。在出具审计报告的最后时刻，他们还熬了两个通宵。他们工作时，桌上常常放有一些巧克力。我还开玩笑说："你们这么爱吃甜食吗？"他们解释说，他们不是爱吃甜食，而是经常加班，需要补充能量。这次审计经历让我对他们的专业、敬业和严谨的工作态度有了新的认识。

从税务局开始进驻核查，到会计师事务所进行补充审计并出具审计报告，再到税务局陆续要求我们补充提供相关证明资料，整个过程持续了八个月。最终，一切尘埃落定，核定公司的补税金额终于明确下来。

在这个漫长的稽查审计过程中，在同事们的通力合作，以及总部和领导的精心协调下，顺利度过。让我深刻地感受到了"上下齐心，其利断金"的强大力量。

也正因如此，我的工作能力得到了公司领导的认可，他们准备让我加入公司SAP供应链系统上线的筹备小组。尽管后来

因为其他原因，我选择离开了这家公司，但这段工作经历一直
是我美好的回忆。

三、只有想不到，没有做不到

2012年，我加入了一家多产业化的集团公司，并在半年后
被调至其旗下设有门诊和连锁药店的医药连锁公司任财务负责
人。后来我才明白，这是因为集团公司计划将这家医药连锁公
司和医药版块的其他公司整合起来，打包成凉茶集团在香港主
板联合上市。

随着上市战略的确定，某会计师事务所很快进驻凉茶集团，
开始着手前期的审计准备工作。凉茶集团下属各公司的财务分
别负责与事务所的资料对接及解释工作。

我们按照事务所提出的详尽的资料要求清单，准备了近三
年的科目余额表、财务报表、各科目明细账、往来明细、存货
明细、所有销售采购合同和会议纪要等资料。其中，很多资料
必须按照规定的表格填写，工作量很大。

事务所非常注重各科目数据间的钩稽关系，一旦发现存疑
的数据，我们就必须追根溯源，深入调查核实，耐心地逐一查
找问题的根源，进行仔细的核对，然后将详细情况回复给事
务所。

在这个过程中，我们逐渐发现公司存在的问题，包括前期
管理不够规范导致的规章制度不完善、合同错误或遗漏、往来
款项不清晰以及系统数据不一致等问题。这些问题使事务所不
同意正式进场审计，导致上市进程受阻。

面对这种情况，集团被迫重新调整上市战略。将医药连锁

公司从凉茶集团剥离，独立申请在新三板挂牌。

此前，医药连锁公司已经做了大量补充和调整工作，比如补充往来资金协议、对物流系统三年商品进出明细进行梳理、健全内控管理制度和加强合同档案管理等等。然而，一个重要的问题仍然没有得到解决：财务软件系统缺乏供应链模块，所有商品数据均来自物流系统，而物流系统的数据架构逻辑与财务软件不相匹配，导致出现数据不安全和不完整等问题。自加入公司以来，我就认为财务软件不能与物流系统数据脱离，二者应该有个对接口。

为了解决这一问题，我多次与营运部门和物流软件开发商沟通，但始终未能找到彼此都满意的解决方案。于是，我联系了金蝶财务软件开发商，商谈供应链数据对接开发事宜。经过多次沟通和努力，困扰我多年的问题终于得到了肯定的回复。

我迅速向公司高层汇报，并积极推动开发合同的立项审批。我联系物流、金蝶、财务以及营运部门召开碰头会议，以明确供应链开发所需的各方配合事项，并进一步明确了需要调整的财务数据范围、流程步骤、时间安排以及其他相关注意事项。

2015年6月30日，随着供应链数据初始化及相关数据的导入，金蝶财务系统成功解决了近三年商品进销存数据问题，也解决了上市审计关于"存货"这一大难题；同时，极大地提高了财务人员的工作效率与数据的准确性。

有了这些充分的准备，连锁公司在新三板独立挂牌的事宜变得非常顺利。2015年底，国内券商、会所和律所三方进驻公司；2016年6月，券商提交挂牌资料给股转公司申请挂牌；2016年11月30日，股转公司出具"同意挂牌通知书"，核准医药公司在2016年12月21号正式在新三板挂牌。自此，连锁公司成为集团首家在国内新三板挂牌的非上市公众公司。

成功挂牌后，我获得了担任连锁公司董事会秘书的机会，负责新三板年度报告编制及信息披露工作，以及与券商、律所、会所三方的对接联系。这为我的工作履历添上了浓墨重彩的一笔。

经历了连锁公司的上市审计和新三板挂牌过程后，我深切地体会到，解决问题的办法都是人想出来的。只要坚持不懈、专注投入，多方筹措，事情就会往好的方向发展。

结 语

灵隐寺有副很有名的对联：人生哪能多如意，万事只求半称心。

不论是昔日的光辉时刻，还是曾经的低谷徘徊时光，都已成为过去。不必叹息，也无须感怀，一切都已成为往事。人生过半，意味着我们真正开始拥有自己的时间。此后，做自己想做的事，说自己愿说的话，对新鲜事物仍保持好奇心，对人对事能"得之欣然，失之怡然"。

好好爱自己，就是脚下最好的路。愿与同龄人共勉。

胡五娇

上市公司财务负责人
管理会计师
微信名：huwujiao996

NO.02 ♠

21 年的坚守与成就

　　时光匆匆，如白驹过隙，二十一年前，我加入大北农公司，至今未曾离开。回顾这漫长的二十一年职业生涯，我不禁感慨万千。

　　公司成立之初，简陋的小办公室里只有几名业务员。如今，公司已经搬进了高楼大厦，壮大成为行业的翘楚，成功上市。在见证公司蓬勃发展的过程中，我也从一个青涩的新人蜕变为经验丰富的职场人。

一、吃得苦中苦，方为人上人

　　五娇，这是爸爸给我取的名字，因为我在家中排行老五。如同名字一样，我一直被视为掌上明珠，备受呵护。我不需要承担任何家务，也从来没有吃过苦，就像一个现代版的小公主。

　　作为那个年代最后一批受益于工作分配政策的中专毕业生，我本可以选择留在江西老家，进入工商局工作。然而，对外面世界充满好奇的我，在同学的鼓励下，毅然选择来到了广州。

　　记得那是2002年的国庆节，我在南方人才市场投了一份简历，然后被告知第二天要前往公司参加面试。一大早，我怀着激动和紧张的心情来到公司门口，却发现已经有排成一列长队的应聘者在等候。与旁边的应聘者交谈后，我发现他们大多都拥有大专以上学历，这让我的信心大减。

我环视办公室，看到公司文化墙上写着"大北农的事业是我们大家的事业"。我突然想起，做饲料生意的父母曾卖过这个公司的产品。面对考官时，我发自内心地表达了对公司的喜爱和感激之情。也许是我的真诚打动了他们，最后我顺利地通过了面试，正式开始了我的职业生涯。

报到那天，我远远看见一位领导站在办公室门口迎接我们，他的脸上洋溢着亲切的笑容。我心中特别感动：公司领导竟然如此平易近人。我下定决心要努力工作，不辜负领导的期望。刚从学校毕业的我，如同一张未经书写的白纸，无论被分配到哪个岗位，我都充满干劲和活力。

2003年，因为公司业务发展需要，领导安排我从广州调到江门工作站工作。初生牛犊不怕虎的我，欣然接受了这一挑战。

工作站的办公室设在一栋居民楼里，还租用了一个仓库。当时公司还没有建立自己的生产基地，饲料需要从江西运至江门。作为后勤部门唯一的员工，面对一大卡车的饲料，我挽起袖子就和雇来的搬运工一起卸货。在运输途中，有个别包装袋会因为颠簸而破裂，不懂针线活的我，学着一针一针地缝补。尽管有时候会扎到手，衣服上也沾满灰尘，但是内心却洋溢着满足与自豪。

2004年的春天，公司负责人决定将两家公司合二为一，需要整合全盘的财务。不巧的是，我的直属领导生病了，财务部只剩下我一人。当时我的业务能力还不足以全面管理公司的财务，于是我向兄弟单位的前辈请教，并夜以继日地工作。为了保证账务的准确性，我和仓库管理员两人还到外地的两个仓库加班加点地进行盘点。

当时，公司还没有开始信息化，所有账务和报表都需要手工完成。2006年，公司启动信息化时，需要把两年的凭证逐张录入OA系统。我和一位同事每天下班后继续录入并核对数据，最终在两个月内完成了数据测试。

为了准备IPO上市，从2007年开始，连续三年，我频繁前往工商、税务、社保局等部门办理相关证明材料。2010年，当我看到公司在深交所敲钟的那一刻，我深切体会到所有的付出都是值得的。

在这五年的时间里，许多同事纷纷离开了公司，而我成为数不多坚持下来的员工之一。我的信念就是：既然已经来了广州，就要在广州站稳脚跟。我的辛勤付出得到了公司领导的认可，并授予我原始股份。我始终相信：吃得苦中苦，方为人上人。

二、一分耕耘一分收获

2010年，我接到集团总公司的调令，需要前往揭阳子公司担任财务负责人。这意味着我从一线城市被调至四线城市。我毫不犹豫地收拾了行李，坐上了大巴车。经过了大半天的颠簸，我住进了小镇上的公司宿舍。

我看着满是灰尘的房间，仿佛又回到了七年前在江门的日子。在那些不眠的夜晚，听着窗外摩托车的声音，我越发想念广州的家。但每当我想到自己肩负的报国兴农使命，我就咬紧牙关，毅然坚持了下来。

子公司的同事都是新手，我只能给他们讲解各个岗位的工作职责，并手把手地示范。经过一个多月的努力，我们终于成功理顺了整个后勤OA管理流程。很快，揭阳分公司的销量实现了粤东第一的目标。

随着公司的上市，集团开始着手构建一个庞大的千人财务团队。这个团队分为市场财务、猪场财务和工厂财务三个模块，我负责猪场财务部分。

为了帮助客户尽快上线企联网，我带领着一个十五人的团队驻扎在一个拥有三千头母猪的猪场。每天早上六点，我们就起床开始盘点，按照猪舍的大小进行分类，并建立详细的档案记录。经过半个月的不懈努力，我们终于为客户搭建了企联网的各个模块，解决了猪场管理中的一系列痛点问题。客户通过手机就能轻松了解猪场的情况，监控每头猪的采食量、用药情况和支出金额。

2014年10月的某一天，我正在市场上与客户对账，突然接到总部领导的通知，让我即刻出发到茂名市电白区的一个水产公司，与总部审计团队会合，对公司进行全面审计。不仅要核对公司资产、负债和往来账务，还要对公司存货进行详细的盘点。因为存货品种较多，其中一些原料我也是第一次接触。为了更好地甄别，我不仅通过视觉和触觉进行区分，还品尝了个别原料。

经过近半个月的努力，我对该公司经营情况有了深入的了解，还查出了被多扣除的九十多万元电费的问题。公司的总经理得知后非常惊讶，他没想到在专门管理的情况下还会出现这样的纰漏，并极力邀请我留下来管理公司财务。为了更好地照顾孩子和家庭，我最后还是放弃了这个机会。

往日奋斗的情景，依然历历在目。我带领团队以等不及的紧迫感、坐不住的责任感、睡不着的兴奋感，快速构建三大能力，大家在"比、赶、学、帮"中，突破一个个猪场和经销商。我始终相信"一分耕耘一分收获"。这种信念是我前行的坚定动力，一直激励着我不断挑战自我，克服前进道路上的各种障碍和困难。

三、把公司的事业当成大家的事业

2019年，受非洲猪瘟的影响，我所在的子公司业绩出现了断崖式下跌，从原来的第一名跌为亏损单位。

作为一名伴随公司共同走过了十七年的财务人，我对公司陷入经营困境感到难以言表的痛苦。那段时间，我与业务部门紧密沟通，深入分析客户和竞争对手的情况，并不断努力升级和改进我们的产品。最终，我们决定精减产品线，从原来的几十种减到十几种。尽管这个决策导致部分客户流失，但是为了公司的长远发展，我们不得不做出这种选择。

可喜的是，经过两年的市场调整和产品结构的优化，公司终于在2021年末成功扭亏为盈。看到每个人脸上绽放的笑容，我如释重负。回想起大家为了节约成本，把办公室的饮用水换成最便宜的品牌，车间工人甚至自己烧自来水喝。每个员工都把公司当成自己的家，这种团结和奉献精神是我们战胜困难的关键。

　　然而，轻松的日子并没有持续很久，2022年下半年，子公司的租赁合同即将到期。尽管公司业绩已经有所好转，但集团管理层明确表示，如果子公司的业绩没有明显突破，合同将不再续约。这让我们深感忧虑，曾经的"黄埔军校"，如果不复存在，对每个人都是一个巨大的打击。我们每个人背负的不仅仅是个人的事业，还有一个家庭，如果公司倒闭了，影响的是所有人的家庭。

　　我依然记得公司文化墙上那句"大北农的事业是我们大家的事业"。于是，我与业务团队召开营销会议，决心背水一战。通过大家的努力，业绩终于开始稳步上升。当成功签订续约合同时，大家喜悦的心情溢于言表，如同保住了自己的家业般激动。

　　作为一名财务负责人，我不仅要管理好财务账目，还需要带领团队与银行谈融资事宜。幸运的是，作为省内的龙头企业，我们得到了银行的大力支持。

结　语

　　从十八岁至今，二十一年岁月沧桑，二十一年风雨兼程，二十一年披荆斩棘。在这漫长而充满挑战的时间里，让我坚持下来的一个重要原因，就是有一位如兄长关爱、支持着我的周老师。他一直鼓励着我不断深造学习，从中专到大专再到本科，引领着我不断地成长。周老师始终把员工视为自己的兄弟姐妹，无论是在工作还是生活中，只要有人面临困难，他都会主动伸出援手。

　　这二十一年的光阴，宛如一幅绚丽的画卷，记录了我的奋斗和成长，留下了难以忘怀的回忆。在"站起来、富起来、强起来"的每个时间段里，都融入了我和大北农的故事。我满怀期待，希望未来继续与大北农公司同行，共同书写更多的辉煌篇章，为实现共同的目标不断努力前行。

余小好

金融与资产管理
会计师
管理会计师
微信名：xiaohao__yu

NO.03 ♠
成长是一步一步的沉淀

在宁静的早晨，我坐在窗前，思绪如涌动的潮水。回顾着生命中那些曲折的旅程，每一次坎坷、每一次挑战，都是我成长的印记。

曾经的我，生活混乱，工作迷茫，对未来失去方向。初恋的背叛更是给我留下了刻骨铭心的伤痛。生活仿佛陷入无尽的重复，没有希望，也没有期待。

现在的我，经历了磨砺，已经逐渐成熟。我不仅能从零开始建立财务团队，管理好公司的财税风险和资金流，还完善了部门之间的协同和流程。更重要的是，在这个过程中，我逐渐找到更好的自己。

一、放下才能做回真正的自己

我来自韶关一个贫困县的小山村，住在客家围屋里。家族里虽然还存有重男轻女的观念，但我的父母待我和弟弟一视同仁，给予我们同等的爱与关怀。

2005年高考后，我自知成绩不理想，于是决定前往深圳寻找工作机会，这是我第一次离开家。在面试了两份工作后，我成了一家电子厂的流水线工人。然而，由于我的工作速度不够快，经常会影响后续的工序。组长建议我考虑自己的职业规划，或者回去读书。

当时弟弟也刚好初中毕业，家里的经济情况只够支持一个人继续上学。看着父母揪心的表情，我提出让弟弟继续读书，而我一边工作一边读书。弟弟得知情况后，第二天就和堂哥去了佛山打工。在妈妈的多次劝说后，我重新回到了学校。

在校期间，我遇到了初恋。我们一起学习，一起规划未来，毕业后也一起回到了他的城市工作。然而，在结婚登记的前一天，他却告诉我他喜欢上了一个同事。这个突如其来的打击让我陷入了深思。五年来，我一直把他放在第一位，却忽视了自己。看到喜欢的东西，都只是默默地埋藏在心里，而这却成为他不喜欢我的原因。我迷失了自己，这不是我想要的生活。我决定重新寻找真正的自己，离开那个不属于自己的生活。

结束了这段五年的恋情后，为了不辜负父母的期望，我把所有的精力都投入到工作中。我从出纳开始，逐渐晋升为会计、总账会计，最后成为财务主管。我总是积极主动地寻找机会，争取尝试更多任务，承担更多责任。慢慢地，我为公司创造了更多的价值，也找到了适合自己的工作方式。

受父母的影响，我坚信只要肯干、不怕苦、不怕累，就一定会有所收获。如今，我已经在工作中找到了属于自己的位置，也为自己的人生找到了新的方向。

二、在学习中实现自我突破

2014年，我加入了一家集团公司。我秉持着初心，以坚定的工作态度，勤勤恳恳地工作。两年后，我成功晋升为财务经理。

虽是财务经理，但我的工作实际上需要直接向董事长和总裁汇报。由于缺乏经验，我内心感到非常焦虑。而且，与我同期进入公司的另一位部门同事对此感到不满，时常给我制造各种麻烦。每个晚上，我都在思考如何面对充分信任我的总裁，如何处理共事多年的同事关系。如何协调好各种关系，同时还能给公司带来价值，不负所望呢？

一位退休返聘的前辈看到我的困境与烦恼后，建议我外出学习，还推荐了一个财务总监的课程。这是我工作十年来第一次接触线下的培训课程。我带着问题去听课，就像一块海绵一样，拼命吸收着知识。在这个过程中，我不仅提升了认知，也打开了格局。

接下来的一年里，我不断学习，并且将所学知识在企业里落地应用。其中，成功落地的一个税筹方案给公司带来不菲的价值，有些方案沿用至今。随着时间的推移，我逐渐变得更为成熟和自信，终于有了底气和勇气去接受不同的挑战。

2019年，我休了产假，公司聘任了一位CFO接替了我的工作。年中，公司新投资的项目出现了严重的问题，希望我回去协助处理。当时，我只休了短短的四十五天产假，身体并没有完全恢复。在多次与家人沟通商量后，他们尊重我的选择，同意我提前回去处理这个项目的问题。经过一个月的不懈努力，我分析出该项目存在的最大的问题是盈利模式没有考虑到平台补贴额，导致出现巨大亏损。同时，还出现了其他的经营风险。在全面综合考虑各方面因素后，公司最终决定停止该项目的运营。

我和接替我的工作的那位CFO沟通，希望可以接手预算分析模块的工作。他对我的能力产生了疑虑，因为我的经验仅限于税务、核算和基础的预算管理，他认为我无法接手这一部分的工作。我还是不愿意放弃，希望他可以给我一个机会，并提出，如果三个月内表现没有达到要求，我愿意离开。他最终勉强同意了我的请求。

为此，我每天下班后和周末都在充电学习。然而，在此期间，公司来了新的领导。新领导认为我边学习边落地太慢了，而且没有达到他的要求，因此聘请了一位新同事来协助我的工作。在新同事的带领下，我对该岗位的职责和期望更加清晰明了，在学习到知识的同时，也给企业赋能。

随着一切步入正轨后，这位新来的同事逐渐接管了我的工作。名义上，我仍然是她的领导，但实际上，她直接向我的领导汇报工作。我感到很沮丧，也觉得工作索然无味。经过一个月的挣扎，在得到先生的支持后，我在特殊时期毅然选择了离职。这是我十二年的职业生涯中第一次裸辞。

三、在行动中享受成长

特殊时期找工作比我预期要困难更多，而且还要照顾两个孩子。于是，我索性沉下心来，充分利用这段时间来考之前因为工作而耽搁的会计师考试。每天早上五点，我就准时起床学习，直到上午八点孩子醒来。那段时间，我早睡早起，精力充沛，全身心地投入学习中，感到特别充实和快乐。

离职两个月后，我依然未能找到适合的工作。我开始反思自己是否过于冲动和自信了。有一天，一个群里发布了一则招聘信息，让我眼前一亮——这份工作仿佛就是为我量身定制的，完全契合我之前的工作经验。于是，我就联系了猎头张小姐。经过深入的沟通和了解，企业方也认为我非常符合他们的岗位需求。于是，2020年7月，我顺利加入了这家企业。

然而，入职当天，我才发现原来的财务负责人前一天离职了，没有进行任何人交接，团队里最资深的成员入职时间还不到三个月，我只能自己摸索。两周后，人力资源部总监找我谈话，告诉我公司负责人对我的工作进度很不满意。我内心涌起了一股不服输的决心，这些年只有我"炒"公司负责人还没公司负责人"炒"过我，我要尽快开展工作。

不久之后，我有了与公司负责人一同外出培训的机会。在这个过程中，我与公司负责人进行了深入交流，了解了他对公司的期望和财务的设想，探讨了如何从股权架构和业务规划切入财务的工作。经过这次沟通以后，我更了解了公司负责人的真正需求，于是，开始协调所需的相关资料。

鉴于这是一个产销一体化的企业，如果继续依赖手工操作，势必会造成时间的浪费，并带来协同问题。在与公司负责人达成了一致意见后，我开始建立ERP系统，搭建业务流程和资金管理等工作。经过一年的努力，我成功打通了销售、财务、生产和仓库各个环节，使公司内部运作更加顺畅。

基本的系统架构搭建完成后，接下来就是优化和迭代。这是我第一次主导一个公司的系统搭建、财务团队搭建和财务体系的建立。不同于以前的工作方式，吸取了上一家公司的经验后，我不再等待上级指示，而是积极主动地开展工作。

2022年12月，由于新项目出现亏损严重，在与公司负责人沟通后，他依然表示不放弃，因为已经投入一年多，未来的发展是值得期待的。我对资金链紧张的情况感到担忧，认为经营不能持续存在风险，固执地想要说服公司负责人放弃这个项目。在与同行财务总监的一次沟通中，我终于意识到自己的认知和思维出现了偏差，太过于执着于自己以为正确的答案，却没有真正考虑公司负责人的期望。找到问题所在，我在与公司负责人深度沟通后，开始按照公司负责人的战略规划去落地执行，及时提供支持数据。

2023年6月，我终于与公司负责人同频，有序地推进公司的目标。这一过程教会了我不断学习和进步的重要性，以及理解和满足公司负责人的期望对于公司的成功至关重要。

结　语

网上流传了一段话："人生是用来体验的，不是用来演绎完美的，我慢慢能接受自己身上那些灰暗的部分，原谅自己的迟钝和平庸，允许自己出错，允许自己偶尔断电，带着缺憾拼命绽放，这是与自己达成和解的唯一办法。"

人生就是一个不断完善自己的过程，只要在成长的过程中学习，一步一步地走下去，就会离自己目标越来越近。正是在克服困难和接受自身不足的过程中，我们变得更加坚强，更加真实。

周芳如

财务咨询公司合伙人
深耕财税服务10+年
微信名：risenchow

NO.04 ♠
未选择的路

丁零零……

上课铃声在校园里响起，一群洋溢着青春气息的孩子从我身边飞奔而过。我抬头望向教学楼三楼最左边的那间教室，内心不禁泛起涟漪。

岁月在流转，青涩而美好的学生时代早已远去。离开那间教室的我，未曾预料到自己将无法进入梦寐以求的高中，未曾预料到自己会放弃原有专业进入一个充满未知的领域，更未曾预料到自己已然成为一名创业者。

一、人生的第一次抉择：高中还是职校

班主任高老师捧着一叠试卷走进教室。平日慈祥的笑容消失了，她扫了眼全班，目光在我的方向停留了片刻，严肃地说："同学们，第二次模拟考试的成绩已经出来了，排名与第一次模拟考试相差不大。但是，倒数的三位同学，成绩居然落后于普通班。距离中考只剩下一个月了，请这三位同学课后来我的办

公室一趟。"

自从初三进入尖子班以后，我曾经的自信与优越感逐渐消失。怀着沉重的心情，我走进老师的办公室。没想到，高老师并没有严厉地责备我，反而轻声关切地问："芳如，这次模拟考试成绩有所下滑，是什么影响了你，能跟老师聊聊吗？"我低下了头，强忍着泪水，思绪飘回了家中。

家中，奶奶半瘫痪已经一年了，妈妈不得不放弃工作照顾她。每天清晨，妈妈就在厨房忙碌着，为家人准备早餐。喂奶奶吃完饭后，自己再吃；收拾完，再扶奶奶出门散散步，晒晒太阳；晚上，照顾奶奶休息后，再收拾家务。妈妈悉心照料着奶奶，从来没有一句怨言。

有一个晚上，我听到爸妈在房间里激烈争吵，原因是爸爸在没和妈妈商量的情况下花了一笔钱。家里的经济本就紧张，妈妈既要照顾奶奶，还要供我和弟弟上学，压力非常大。听到妈妈抽泣的声音，我心如刀绞。

周末返校前，妈妈叮嘱我："家里的事你不用担心，那是我们大人的事，你只需要专心读书。但也不要给自己太大的压力。"妈妈的鼓励让我倍感温暖，但是，我已在心底暗自做了一个决定。

半年后，我和同学们都收到了录取通知书，不同的是，他们被县重点高中录取了，而我只达到了三中的分数线。打开信封的那一刻，我松了一口气，然后跟妈妈说："我曾经说过非一中不读，果然还是不争气，真的没考上。我已经和同学约好了，一起去市里读职业技术学校。"妈妈一再劝说我要继续读高中，然后考上大学。我还是坚持了自己的选择。

这是我第一次为自己的人生做的决定。直到现在，妈妈还常常为当年没有坚持让我上高中考大学而自责不已。每当这时，我都会安慰她，是金子总会发光的。因为我坚信，只要不放弃，继续勇敢前行，一定能在人生中绽放自己的光芒。

二、人生的第二次抉择：专业对口还是销售

三年的职校生活转瞬即逝，我毅然决定南下广州，借住在表舅家。由于我的专业是商务英语，我最初主要将简历投向了外贸领域。然而，由于学历不高，而且缺乏工作经验，也缺乏应对面试的技巧，我遭遇了多次挫折。

正当我感到沮丧和失望的时候，一位同学告诉我她的表哥在广州工作，并介绍给我认识。在他的帮助下，我得到了许多关于简历书写与面试技巧的宝贵建设，并建议我投递销售岗位，先找到一家有潜力的企业工作，再考虑专业的问题。

这是我面临的人生第二次选择：是继续寻找专业对口的工作，还是先找到一份工作再说？面对现实生活的压力，最终，我还是决定放弃寻找专业对口的工作。很快，在同学表哥的指导下，我顺利通过了一家知名家具公司的面试，成为一名销售代表。

由于在入职培训期间表现出色，我被分到了当时业绩最好的小组里。部门经理成为我在销售领域的第一个师傅。他告诉我：做销售就是要勤快地跑。因为我们主要的客户是政府、银行、事业单位及大型企业。从项目在建时介入，到寻找决策人，再到成功中标，销售代表需要具备较高的综合能力。

也许是初生牛犊不怕虎，也许是不甘于失败，我开始拼命地奔跑，不断地拜访客户。为了能准时送出标书，我甚至在印刷店等到凌晨两点。经过坚持不懈的努力，我终于成为新人里第一个签下十万订单的人。这让我对销售工作充满了信心，坚信努力付出终会得到回报。

一年后，我的工作和爱情迎来了双丰收。我得到领导的赏识，成为公司的重点培养对象；同时，我与同学的表哥领取了结婚证。怀孕后，考虑到无法承受高强度的工作，而公司正处于高速发展期，我不想成为团队的拖累，最终，我选择了离职，专心迎接新生命的到来。

三、人生的第三次抉择：离职还是奋战

孩子满一周岁以后，我决定重返职场。为了更好地照顾孩子，我选择了一家离家较近的财税培训公司。

这是一个全新的领域。更重要的是，在这个公司里，新人的留存率不高，团队里90%以上都是老员工，而我的业绩一直平平，这让我渐渐失去了信心。

直到我遇见人生中的第二个师傅——Gavin。他从海南调来负责广州的市场。他果敢的行事风格、对目标的坚定执着，以及对员工的关注，都深深地感染了我。他就像是一束光，重新点燃我对这份工作的希望和热情。我再次振奋精神，开始更加努力地拜访和邀约客户，当月就成交了四个客户，我成为当月新开发客户的第一名。

为了鼓舞广州团队的士气和提高业绩，Gavin破格提拔我为

销售经理，带领一支新人队伍与老员工团队展开比拼。完全没有团队管理经验的我，面对这一重担感到无从下手。Gavin耐心地传授我宝贵的经验，并指导我应对各种挑战。

我至今仍记得他的一句话："带销售团队，就是要带领每位成员赚到钱，要赋能和帮助他们成长。只有这样，大家才会愿意跟着你干。除了工作以外，我们还要学会走心，多关心他们的生活。"简单的几句话，做起来还真不简单。好在我的执行能力强，每天带着团队成员拜访客户。三个月后，我们的业绩超过了其他三支老团队。

随着新人团队业绩稳步增长，也激活了老团队的潜力，形成了内部良性的竞争。在Gavin的领导下，负责广州的团队业绩冲进了总公司所有团队业绩的前三名。熬过困难的时刻，迎来的终是成长。此次带团队的经验，也为我后来做销售管理工作奠定了基础。

四、人生的第四次抉择：留在原地还是另谋出路

市场总是变幻莫测，公司的业绩也受到同行的影响而有所下降。经过三年的沉淀后，我面临第四次抉择：继续安稳地留在原公司稳定发展，还是跃升到一个新的平台，学习更先进和更系统的管理运营模式？经过一个晚上的深思熟虑，我决定加入当时市面最大的一家财务培训机构。

加入新公司后，管理层迅速组建了四支团队，成为广州的创始团队。因为有了之前的团队管理经验，我成功打造了一个兼具"拼"和"韧"双基因的销售团队。晨曦朝露去，披星戴月归。伙伴们的齐心协力在总部组织的季度会战中，获得了前

三的奖励。在广州分公司成立的第二年，我们更是创下三千万的业绩，成为销售冠军，并因此获得了一次到塞班岛旅游的奖励。

在奋斗的过程中，我也迎来了第二个孩子。当时正值四季度销售冲刺的关键时刻，我陪着团队到预产期才休假。因为我深知领导在对团队的精神和信念的重要性。即使在休假期间，我也时刻关注着团队每个成员的状态。

在得知有两位老员工想离职时，我在家里坐不住了。不顾家人的劝阻，我毅然提前一个月回到团队。经过深入的沟通，我帮助他们重新做了职业规划，并在团队其他成员的协助下，顺利把他们留下来了。这次经历让我领悟到：团队管理，除了追求业绩和利润，还要让团队中的成员感受到温暖和关爱，这样才能和大家坚定地一起走下去。

五年后，Gavin邀请我一起创业。我再一次面临了人生的抉择：一边是稳定的高收入，一边是充满不确定但潜力无限的创业机会。在征得家人的理解和支持后，我和几位同样骨子里有着不安分基因的伙伴们一起踏上了创业路。虽然创业之路困难重重，但我们坚信，我们所做的事情能够成就他人，并对社会有价值，这就是正确的选择。

结 语

正如美国诗人罗伯特·弗罗斯特在《未选择的路》中写道："黄色的树林里分出两条路，可惜我不能同时去涉足，我在那路口久久伫立，我向着一条路极目望去，直到它消失在丛林深处。"

　　人生的道路充满不确定性和挑战，而每一次选择都是我们成长和进步的机会。也许多年后回顾往事时，我也会想起曾经没有选择走的那些路。但是我毫不后悔。因为我选择的道路，成为我生命中宝贵的一部分，是它塑造了今天的我，让我成为一个更加坚强、自信和充实的人。

陈 浩

财务咨询公司合伙人
深耕财税服务10+年
微信名：ch1992920

NO.05 ♠

直面人生的勇气

"原谅我这一生不羁放纵爱自由，也会怕有一天会跌倒……"

飞驰在高速公路上，音响里传出beyond乐队的《海阔天空》。我的思绪飘回到二十五年前，那段美好的童年时光。

一、不羁放纵爱自由的童年

作为改革开放后出生的"Z世代"独生子，我可以说是集万千宠爱于一身。尽管家境并不优渥，但我从没缺吃少穿。大多数人只有在走亲访友才舍得买上一箱的高档饮料——健力宝，我都可以整箱买回家当白开水喝。五岁那年，我家更是成为全村第一个拥有彩电和冰箱的家庭。我就像温室里的花朵，享受着无忧无虑的生活。

年少的我，就像歌词中所唱的那样：不羁放纵，热爱自由。为此，我没少挨父母打。每次母亲挥手打来时，我都能看见她眼中噙满的泪花。那时的我本以为她只是太生气，长大以后我才明白，那是"恨铁不成钢"的无奈和痛心。

母亲是一位小学老师，我顺理成章地就在她任职的学校就读。上初一时，因为学校离家远，需要寄宿，只有周末才能回家，我非常不适应。每当要回学校的时候，我总以各种理由拖延，甚至拒绝回学校。父亲气得咬牙切齿，但母亲却总是耐心地安抚我，询问我是否生活费不够，或是在学校遇到了什么困难。最后，在我情绪平复以后，她和父亲一起把我送到学校。

我初一时的学习成绩一塌糊涂，这让母亲很是担忧。当听说镇上的学校教学质量还不错时，母亲毅然决然地帮我安排了转校——那是一个离家有二十公里的学校。这一年，克服了恋家心理的我，摆脱了父母的监管，更自由自在、无所畏惧了。因为我有不少生活费，所以身后总有一群小伙伴跟着我一起到处玩。于是，父母被老师约谈就成了家常便饭。离开学校时，母亲常常转身偷偷地擦去眼泪。

初二期末考后，母亲和我进行了一次严肃的对话，没有棍棒加持的威胁，只有语重心长的教诲。她问我，初三毕业后有什么打算，是要继续读书，还是去工地搬砖？对于习惯了吃喝玩乐的我来说，怎么可能选择去工地搬砖？傲慢又娇气的我，告诉了她内心的想法。母亲说："你的外公在我初中时就意外去世了，家里六个兄弟姐妹，只有我坚持完成了学业。因为我知道，只有好好读书，未来才能靠自己打拼出一片天地。"这时，我突然能体会母亲的凄苦和坚强了，也明白了她对我严格要求的良苦用心。

为了在初中最后一年实现逆袭，母亲拜托她的高中同学帮我安排了转学——这次离家四十公里。这一年，我几乎断绝了与所有朋友的联系，一门心思扎进知识的海洋中。为了避免去工地搬砖的命运，我擦干眼泪，咬紧牙关，熬过了无数个想家的夜晚。再加上老师们的特别"照顾"（母亲提前交代她的高中同学不要手下留情），我的学习成绩突飞猛进。尽管最终我与县城最好的高中失之交臂，但是我成功地达到了排名第二的高中的分数线。当分数公布出来时，母亲喜极而泣。

古有"孟母三迁"，没曾想我也经历了三次转学。为了给我创造更好的学习环境，把在叛逆边缘的我拉回正轨，父母费尽了心思。我终究用还不错的成绩回报了他们。在我逐渐成长的过程中，我才深刻体会到父母对我严格教育的意义。

二、结束北漂后南下的窘迫

经过初三的磨炼，难以承受学习压力的我，又松了口气，以至于后来只考上一所普通大学。这次，我没有看到母亲的眼泪，也许她早已释怀，也许这在她的意料之中。然而，生活是公平的，年轻时没吃过的苦，以后会以其他形式来教育我们。

大学毕业后，我选择了去大多北方人梦寐以求的大城市——北京。在校园招聘时，我应聘了一家五星级饭店的后勤工作，并成功被录用。尽管我想象过很多工作时的样子，但从未想过第一份工作是在餐厅里端盘子。每天从早上九点开始工作，到晚上十点才能结束。每个月的工资只有一千五百元钱——要知道，这是我上大学时一个月的生活费。

我有过无数次辞职的念头，但最终都咬牙坚持了下来，因为我不想成为吃不了学习的苦也吃不了生活的苦的人。也许是多次转学的经历练就了我的适应能力，我很快就适应了这份高强度且看起来平凡的工作。

虽然每天工作都令我感到疲惫不堪，但是，一想到能够靠自己的劳动挣钱，我就心满意足。尽管偶尔还需要父母的接济，但是，每当春节回家，看到家人收到我给他们买的礼物时露出的笑容，我就感到被治愈了。我意识到，父母不在意孩子是否能成为大富大贵之人，只希望我们能勇敢地面对生活的挑战，学会独立自主地为自己的未来努力。

在"北漂"的两年里，我见过北京寒冷干燥的冬天，体验了北京老胡同里的冷暖，也感受到了生活的艰辛。万万没想到的是，这点艰辛于成家后的日子而言，简直微不足道。

有一天，从小一起长大的表哥邀请我南下到广州闯一闯。表哥一直是"别人家的孩子"，学习成绩一直名列前茅，大学毕业后在广州有一份体面的白领工作。这时，我面临了人生中第一次艰难的抉择，因为我在饭店马上就能有一个升职做领班的机会，工资也能翻一倍。是选继续留在饭店，还是选择去广州闯荡？犹豫再三以后，对外面世界充满好奇的我，踏上了南下的列车，憧憬着做出一番事业的未来。

经过了二十多个小时绿皮火车的颠簸，又乘坐了两个小时的大巴车，终于到达我在广州的第一站——有着号称"中国皮具之都"的狮岭镇。映入眼帘的景象让我有了马上掉头回去的念头：破旧的楼房、飞扬的尘土……

既来之，则安之。我在心中默默地告诉自己，这也许是表哥有意在锻炼我。我住在他家里，但是，他没有借用自己的资源帮我找工作，而是让我自己去人才市场投简历。当时的我对他还颇有怨言。

幸运的是，不到半个月，我凭借自己的努力被一家箱包公司录用，担任采购跟单员。被录取当天，我请表哥一家吃了顿饭庆祝，心中不由得暗暗得意，终于可以扬眉吐气一回。

三、不断突破自我后的坚定

在2017年，真正进入广州CBD工作。那一年，我和妻子步入了婚姻的殿堂。我越发想见识国际化大都市的真面目，于是我到天河区寻找人生中第三份工作。然而，生活的艰辛，才刚刚开始。

在这个人才济济的城市里，由于我的学历并不高，所以我可选择的工作不多。经历了多次失败的面试后，我只能接受一份销售工作，加入了一家财税培训公司。我一直对销售工作心存抵触，感觉是一份很辛苦的工作，但是，这是我现在唯一的选择。

销售工作的收入主要依赖业绩，底薪微薄。对于从来没有因为钱而窘迫过的我，在这份工作中尝尽了职场的苦头，高额的房租和家庭开销让我只能又向父母求助。

这次，我迎来了人生中第二次与父母的深谈。他们用平静的目光看着我，像是看着还未长大的孩子一样。他们提到我小时候的生活，提到了我的学业，提到了几乎花光了所有积蓄帮我购置婚房，提到了自己的小家庭要怎么去维持。我渴望他们能够给我一个解决方案，因为这也是我在思考的问题。每次一想到需要努力工作，还要降低自己的生活品质时，我心里总是希冀着能够有一条捷径可走。然而，当我看着他们已经花白的头发，嗓子像是被堵上水泥一般，说不出一句话来。

经过了只领底薪的两个月以后，我接到了直属领导的谈话邀请。我漫不经心地走进会议室，看看他到底能给我画出什么样的"饼"来。没想到，他的第一句话就是："你不适合做销售，你没有进取心，应该回老家找份安稳的工作就好，你不应该来广州这样的大城市。"听到这句话，有着盲目自信和自尊的我受到了严重打击，恶狠狠地瞪着他说："试用期还没结束，你怎么就知道我不行？""哦？那我拭目以待，你好好珍惜这最后一个月！"说完，他推开了会议室的门，留我一个人在里面大口大口地喘着粗气。

我终于拿起来了之前一直不愿意拿起的电话。在接下来的一个月里，我一遍一遍地拨打着很有可能被拒绝的号码；为了熟悉产品和话术，我常常加班到晚上十点。我逐渐放下顾虑，勇敢地面对困难，不再是一个没有底气的、担心因说错话被同事嘲笑和被客户拒绝的胆小鬼。

每天拿起电话的时候，我就想象自己身处在独立的空间里，去除所有杂念，内心只有一个目标：打更多的电话，给更多的客户介绍产品。这种方法效率显著，我从一开始的每天只能打十通有效电话，逐渐提高到后来的五十通、一百通……渐渐地，我不仅对产品更加地熟悉，还更了解客户的心理。终于，在距离一个月的期限还剩下最后一周的时候，我成功邀约到一个愿意面谈的客户。这次面谈给了我继续留在这个岗位上的机会，也给了我一次证明自己的机会。

因为没有面谈的经验，领导让同事小菊子陪同我前往。踩着高跟鞋的她，陪我坐了四十分钟的地铁后，又走了二十分钟的路程。然而由于没有提前与客户确认地址，我们找错了地方。看着她脚上的高跟鞋和被汗水打湿的刘海，我感到深深的愧疚，于是，我脱口而出："要不我们回去吧，不见了！"她平静地看了我一眼说："你好不容易约到的客户，怎么能够轻易放弃呢？"

我感动得鼻子一酸，原来除了父母，还有人愿意这样帮助我。于是，我们又用了二十分钟返回地铁站，奔向跟客户确认好的地址。过程是曲折的，但结果却是美好的。因为同事的专业功底，我幸运地拿到了第一单业绩，并顺利地通过了考核。

江山易改，本性难移。虽然业绩有了起色，但是小富即安的心态让我又开始安于现状。虽不至于被淘汰，但也总是没有突破。有一天，我的领导又对我发出了第二次的谈话邀请。

还是那个会议室，还是那位领导，还是那样不按常理地出牌："虽然你有了业绩，但是你还是不适合做销售，因为在销售中，没有人像你一样，每个月只求有一份固定的收入。"这次，我没有愤怒，而是在思考这句话。这次，他也没有离开，而是开始跟我谈起了家庭、孩子和责任。一个小时的谈话留给我的是更多的迷茫。

很快，我的小家庭迎来了一个可爱的小宝宝。母亲提前办理退休，特意从老家前来帮我照顾孩子。我终于意识到，我也到了"上有老，下有小"的年纪了。我不得不开始思考未来的路。虽然我一直很害怕吃苦，但是，当看着一家人在一起的时候，我不再退缩，心中有着从未有过的踏实。于是，我不再满足于每个月只够保障家庭支出的收入，我开始了更加努力的销售。

如今，我和几位志同道合的小伙伴一起成立了一家财税咨询公司。前路一定会充满挑战，但是我已经不再惧怕，因为我有了希望，有了责任，还有美好的世外桃源。

结　语

我驾驶在高速公路上，伴随着歌曲的旋律，回忆着过去的点点滴滴，感慨万分。

　　如今，我已不再是那个"不羁放纵爱自由"的少年，而是一个拥有清晰的人生方向的创业者。我的生活自由而充实，充满了希望和无限的可能性。生活还在继续，拼搏永不停止。也许，这正是曾经那份"不羁放纵爱自由"的精神赋予我的勇气。